大廚教的 手工義大利麵

揉、壓、切、捏 14 種基本麵型，

自己做有嚼感、

有麵粉香氣的

50 道家常義大利麵

Contents

Contents

Chapter

11

其它類 義大利麵食譜

Chapter

12

甜點類 義大利麵食譜

推薦序一

集思會展事業群 執行長　葉泰民

很「家」的感覺，就是義大麵！

　　第一次覺得義大利麵在我生命中有了一席之地，是在 1996 年一次的出差行程中，偶然的一次相遇。那是個歐洲春天的日子，我一大早從日內瓦搭乘飛機前往巴黎，因為很早的關係，所以早上沒有吃早餐，到了巴黎，入住飯店，放下行李，又匆匆忙忙地趕往與人約定見面的地點，拉法葉會議中心附近，我那個時候已經是飢腸轆轆，看著手錶，還有一點時間，衝進一家餐廳，坐定下來，看著侍者拿給我的菜單，才發現上面只有法文及義大利文，一時之間不知要如何點餐，那時肚子已經餓到快要昏過去了，所以只好用「一指神功」隨便在菜單上指了一道餐點，直到現在，我還是認為那是我一生中吃過最美好的一餐，而且變成了往後旅行，我到每個城市必定造訪一家當地的義大利餐廳，必定品嘗的一道義大利麵──用 Linguine 細扁麵做的白酒蛤蠣麵。

　　陳俊杉師傅 Sam 在 LivingOne 任職的期間，有一次有位其他部門的同仁要離職，我和幾位同事跟那位要離職的同事一起到台東去旅行，這是他人生第一次造訪台東，我們住在東河附近的一家民宿，我決定親自準備晚餐跟大家分享，那是我認為最好款待朋友的方式。雖然自認為自己對於「做菜」這件事情有天份，但是實際上，很少有機會親自下廚。到成功漁港買了一些海鮮，翻天覆地找遍所有商店，終於發現了義大利麵條，所有的晚餐的準備工作於是展開，那種感覺好像是戰爭要開打的樣子，麵條下了鍋，忽然不知道要煮幾分熟，Sam 就成了我最佳的遠端的指導老師，靠著手機的通話，我居然很神奇地完成了一頓豐盛，而且誠意十足的晚餐。

　　過了幾年，Sam 終於完成了傳說中的「書」，可以跟更多人分享做義大利麵的心得，那是一種很幸福，很「家」的感覺，這就是義大麵！相信很多讀者除了享受閱讀的樂趣之外，也可以跟更多的朋友分享這份簡單又幸福的義大利麵時光！

推薦序二

果然蔬福餐飲有限公司 副總經理　**葉承欽**

「義」本正經、義大利廚房裡的詠春拳!

水裡去、火裡來、刀光劍影!形容廚師這一份職業再適合不過了。

沒有一套紮實深厚的拳腳功夫,恐怕沒有辦法可以在當今激烈的廚藝擂台存活。

初次遇見阿 Sam,是在近二十年前台北市頗具知名的一家五星級飯店的西餐廚房裡,當時的廚房條件極差,只有四個廚師的編制,每天用餐時段廚房就「鏗鏗鏘鏘」做響。密集且連續的節奏就像練功打木人樁一般!小說電影裡打詠春拳的師傅一個打十個,在這裡完全不成立,因為以阿 Sam 的深厚功力打二十個都沒問題!

征戰國內外大大小小廚藝競賽,也獲得了無數的榮譽肯定,謙遜的阿 Sam 不以此為自滿,經常跩上背包,機票一買就飛到義大利尋找經典去。因為他對義大利料理的執著與熱情,終在現今激烈的餐飲舞台,甚至餐飲教育領域裡海闊天空。

對義大利料理也情有獨鍾的他,在幾經交流之後發現,樸素簡單的義大利麵其實一點都不單純。從選擇材料,和入雞蛋、揉麵、燙麵、拌炒⋯⋯每一個環節都是學問。終於~等到了,阿 Sam 將深厚的廚藝功力轉化成簡顯易懂的好書一本《瘋義麵:手工自製、充滿麵粉香氣、滿足感爆炸的 50 種混搭家常美味》。這一本集結了國內食材、義大利經典烹調原粹,帶領我們一同領略廚房裡的詠春哲學!

推薦序三

台灣國際年輕廚師協會 理事長　黃景龍

吃的安心，活得健康

　　書是人類進步的階梯，所以身為一位美食餐飲業者，今天要向大家推薦一本美食料理書籍，我的好友陳俊杉主廚的食譜，書名叫《瘋義麵》，義大利 cpic 認證美食大使，參加過多項美食的競賽，得過不少的獎項。對於俊杉師傅無私的分享，我給予最大的支持與鼓勵。

　　這本書介紹了義大利各式風味的特色與料理。現代人對於外面的食安料理感到憂心　，他將帶給我們自然健康的飲食與大家分享，相對的自己親自下廚更為之安心。義大利料理或許很多人認為煮食麻煩，這本《瘋義麵》讓我們對義大利麵瞭解更多，其實簡單又輕鬆，在家就可以的安心料理。這幾年來食安問題影響國人，所以跟隨著時代的變遷各國的美食料理已經慢慢被現代人接受，

　　作者以「吃得健康，活得更好」帶領大家認識更多資訊，簡單烹調的技巧與調配的竅門，書附有美麗的圖片和最佳的作法，藉此讓大家對義大利麵的各種料理與調配認識的更詳細。內容詳細，淺顯易懂，讓我們「吃的安心，活得健康　」，是值得推薦的一本好書。

推薦序四

台北維多利亞酒店 西餐廳總主廚　**邱兆毅**

義麵風、瘋義麵、條條分明、絲絲剝繭、汁汁入味，醬瘋就對了！

從事西餐廳料理也有二十多年了，義大利麵亦是我喜於放入菜餚中的一種料理，愛吃的一種料理。

義大利麵是男女老少接受度很高的異國料理，早餐店、簡餐店、咖啡店，甚至是學校的營養午餐、網路上的懶人包，都有意大利麵的蹤跡。但想吃到一個純手工麵條、健康食材、香醇濃郁、與眾不同的義大利麵，DIY 自己動手做，就是唯一的方法了。

所謂「好的師傅帶你上天堂」，陳俊杉師傅便以這本《瘋義麵》帶領大家一起進入義大利麵五彩繽紛的世界、美食的天堂。從選擇材料、器具的使用、麵條的款式及製作、醬汁的熬製，連高湯的種類與做法、創意的義大利麵料理等，完完全全、毫不藏私地都在《瘋義麵》中有著詳細地介紹及解說。

若再仔細看，裡面的「小叮嚀」更是一個個 Certificate of Proficiency in Italian Cuisine（C.P.I.C）Sam 學長的秘招，保證讀者跟著做出來的義大利麵一定能讓人「吮指回味無窮」！

「師父領進門，修行在個人」，有了好師傅，個人的真正修行就要開始囉！翻開《瘋義麵》準備大顯身手吧！

作者序

　　對於出這本食譜有相當多的想法，雖然沒辦法讓讀者立即成為餐廳大廚，但能在家輕鬆做【 手工義大利麵 】。現代人在忙碌的生活中，只要利用幾分鐘就能烹調出美味又健康的義式麵食，更重要的是從飲食上獲得蔬果的充分營養。

　　這幾年走訪義大利，學習觀摩料理，體驗到義大利料理精神的廣泛，是種簡單、樸實、自然、隨性的料理精神。

　　義大利麵食料理的傳統之處並非數得出的經典名菜，但每一道【 義大利麵 】的背後都有它的故事和歷史淵源。

　　手工製的生義大利麵與乾燥義大利麵比起來，最大的特點就是獨特的口感與麵粉的風味。自製手工義大利麵的好處及優點，就是可以依自己的喜好製作，享受手工麵的樂趣。

　　義大利人在飲食上講求的是天然與原味，他們習慣到市場購買新鮮的食材，烹調時也講求呈現食物本身的味道。

　　所謂義大利麵食，簡單來說，是種樸實的料理手法，在家也能輕鬆料理上菜，不需要過度的烹調與華麗的裝飾擺盤，講求天然原味，運用大量新鮮蔬果來料理，添加香草植物。強調食物的原味，並且運用香料帶出食材本身的風味並加以提升，讓料理手法多變化，口味多層次。

　　為了讓愛作菜的您在家中也可以輕鬆做好菜，希望能以我的經驗和所學與讀者分享。這本書完全呈現義大利麵食的風貌，淺顯易懂，讓您在料理的過程中輕易上手，將好菜獻給我們愛的人一起分享。

　　最後感謝撰寫推薦序的前輩恩師：葉泰民、葉承欽、黃景龍、邱兆毅。

前 言

　　因地而異、具有各種形狀和口味的手工麵，傳達了義大利飲食文化的多樣性，只要熟知麵粉的特性，就能製作出自己喜愛的手工麵。

　　剛開始學作菜時，手工義大利麵對我來說非常的神祕，總覺得讓麵粉變成麵條是個非常高的技術門檻。學了做法之後，就發現它其實很簡單，只要掌握住幾個基本原則。不需要任何華麗的器具，只要一根擀麵棍和一個夠大的平台，在家也能做出非常好吃的手工義大利麵。

　　首先，揉麵糰時要注意麵糰溼度，要偏濕而不是偏乾，因為擀麵時灑上防沾黏的麵粉會繼續被麵糰吸收，太乾的麵條就會變得容易斷裂。揉麵的時間最少要在 20 分鐘以上，讓麵糰產生足夠的「筋」，煮完之後才有可能達到"彈牙【 Al dente 】"的程度。

　　再來是煮麵，和乾麵條不同的是，手工麵條需要的煮麵時間很短，依照麵條厚度大約 1 ～ 5 分鐘即可，煮得太久麵條會變得軟爛無彈性，煮得不夠又會留有生麵粉的味道。測試面條熟度的方法很簡單，拿一條起來吃看看就行了。

　　最後則是麵糰的保存方法，未切的麵糰可用保鮮膜包覆冷藏 2 ～ 3 天，只要麵糰沒有氧化或是乾到龜裂（這也是麵糰要偏溼的另一原因，可拉長冷藏期限）就都可以繼續使用。如果麵糰已經切好成麵條，則可以放進冷凍庫保存上 2 個星期。

　　義大利麵的特色就是利用不同的醬汁搭配出很不一樣的口感，五顏六色的麵條並不是色素跟防腐劑，而是利用許許多多的天然食材做出來的。只有手工麵，才能把蔬菜、香草或特別的食材揉進麵糰裡，具有獨特的風味，如：黑色的墨魚汁所做出的黑色義大利麵條，甜菜所做出來的紅色麵條，以及菠菜、蕃茄、可可粉等，你所想到的所有食材幾乎都可以用到，其營養價值都相當的高，因此好吃、多變化也讓

義大利麵奠定了不變的地位。

　　義大利麵分成新鮮與乾燥兩種，傳統上，北部喜歡新鮮麵條，而南部喜歡乾麵條。如果以形狀來分的話，則可分為短麵食、長麵食及雞蛋麵食。

種類	乾燥義大利麵（Dry Pasta）	新鮮義大利麵（Fresh Pasta）
配方	杜蘭麥粉 + 水	麵粉 + 水
		麵粉 + 雞蛋
		杜蘭麥粉 + 水
		杜蘭麥粉 + 雞蛋

Chapter

1

製 作 前 的 準 備

基本材料

☙ 麵粉

在義大利，用來做手工麵的麵粉叫做 00（Doppio zero），筋性與中筋麵粉比較像。然而在歐洲，麵粉分類沒有所謂的高筋麵粉、中筋麵粉、低筋麵粉。所以在這本手工義大利麵的書裡，選用了中筋麵粉來製作，吃起來細緻卻也不失 Q 度。

雞蛋

　　做手工麵的過程得加蛋，加了蛋的麵條會有另外一種咬感。所以在義大利當地自家做手工麵的時候，甚至還會按照喜好，調整雞蛋與水的比例。

　　自家做的手工麵，有豐富的層次，更能吸收醬汁，而且咬感豐富。吃到自家做的手工義大利麵，任何人都可以馬上分辨和外面賣的麵條有什麼不同。由於手工義大利麵是捲曲的，而且因為加了蛋，帶著脆感，又有嚼勁。

鹽

　　加鹽的目的在於使麵條有味道並且可使麵條緊縮有彈性。加鹽的水可以增添義大利麵的風味。加鹽的最佳時機是水煮沸後與放入麵條之前。

☙ 油類

· 特級冷壓橄欖油
（Extra Virgin Olive Oil）
第一道冷壓

發煙溫度／180℃
使用建議／涼拌、中低溫烹調
烹調方式／涼拌、清炒
味道／果香味、甜味、濃郁

　　特級橄欖油屬 Extra-Virgin
等級，由橄欖果實冷壓而得，
不經任何加工，呈現橄欖色澤，
酸度低於 1%，含濃郁橄欖果
香及豐富營養（如橄欖多酚），
常用於沾食麵包、沙拉、涼拌、
義大利麵食等。採深色瓶包裝，
避免光線影響營養成分。

· 純橄欖油
（Pure Olive Oil）
第二道冷壓

發煙溫度／200℃
使用建議／中、高溫烹調
　　　　　　溫度較高使用
烹調方式／清炒、炒、油炸等
味道／淡淡果香味、微甜適中

· 葡萄籽油
（Grape Seed Oil）：

發煙溫度／250℃
使用建議／中、高溫烹飪
烹調方式／熱炒、香煎、炸等
味道／清淡

醋類

· 濃縮巴薩米可醋膏
（Balsamico Cream）

　　將巴薩米可醋經由加工而成的濃縮醋膏，經常使用在甜點、料理裝飾等等，味道濃郁，可依個人喜好風味添加。

· 巴薩米可醋
（Balsamic Vinegar）

　　在義式料理中應用廣泛，稀釋直接喝或用麵包、水果沾著吃、淋在冰淇淋上、調醬汁、拌油醋都是常被利用的方式。

· 白葡萄酒醋：
（White Wine Vinegar）

　　醋味淡，甜度低，味道溫和，適合做沙拉醬、油醋醬，或製作海鮮、蔬菜的過程中用來加味。

· 紅葡萄酒醋：
（Red Wine Vinegar）

　　酸甜度高，可用在肉類、海鮮烹調過程，或是調成義大利沙拉醬。

❖ 奶類

· 鮮奶油 （Cream）

1. 鮮奶油廣泛被用在烹調用途上，它的特殊風味很難被取代，還有許多甜點更是少不了鮮奶油。

2. 用來烹調濃湯或是調和義大利麵醬汁時口感更滑順，最後再加入鮮奶油，風味更佳。

· 無鹽奶油（Butter）：

奶油是一種乳製品。奶油俗稱牛油，意為從牛奶中提取的油脂，製作過程中無添加鹽分。無鹽奶油乳脂含量較高，香味較為濃郁，常用於西餐料理，有提味、增香的作用。

❋ 起士類

·瑞可達起士
（Ricotta Cheese）

1. 由牛乳或羊乳製成的軟質未發酵起司，乳脂肪含量較低為 15 ～ 30 ％，利用製作乳酪產生的水分（即乳清）所作成，質地極為細緻柔軟、味道清爽、略帶微酸。

2. 無論是濃厚的大蒜或氛芳的香草，氣味非常多元。常伴著果醬、砂糖、水果一起食用，甚至義大利春捲（Canneloni）和義大利餛飩（Ravioli）等麵糰製作的食材中也有添加，吃法非常多元化，都不失起司本身的風味。

·帕瑪森乳酪
（Parmigiano-Reggiano）

法文又稱作 Parmesan。

1. 帕瑪森乳酪的香氣十分明顯，充滿強烈的葡萄乾、水果乾和葡萄酒的味道，以及鳳梨、海鹽、烤杏仁、香料、堅果、泥土的香氣。優質的乳酪風味濃郁，有水果風味，且鹹味足，在乳酪中還有酪蛋白晶體，吃起來會有嘎吱嘎吱的聲音，後味很濃。它的風味繁複而獨特：像是核桃、肉桂、海鹽、鴨蛋黃的綜合體。

2. 帕瑪森乳酪很適合用來烹調食物以及灑在沙拉、義大利麵、菜飯、濃湯及其他菜餚上，也可以用來製作甜點和搭配西洋梨、杏仁果、核桃一起食用，也可以用來製作沾醬。

3. 平均製作 1 公斤的帕瑪森乳酪需要 16 公升的牛奶（至少也要 12 ～ 13 公升），一個 40 公斤的乳酪約需 650 公升（至少也要 500 公升）的牛奶。

· 馬自瑞拉起士
（Mozzarella Cheese）

1. 義大利生產的馬自拉乳酪有以殺菌牛奶，或水牛奶製做的，而質地從軟質到半軟質都有。新鮮馬自拉乳酪呈現像大小湯圓的球形，存放在碗裡或密封的乳清袋中。而塊狀的馬自拉乳酪，在台灣看到的是長形的方塊狀或小包裝的方塊狀，是在製作過程中排除較多的水分，形成軟Q的質地，賞味期也比較長。

2. 塊狀的馬自拉乳酪在台灣通常運用在焗烤以及披薩上，以呈現長長拉絲的動態視覺效果以及趣味性。但實則兩者有時是可以相互替代使用的。也就是新鮮的馬自拉乳酪也可以用來焗烤，它一樣也會拉絲；塊狀的馬自拉乳酪一樣可以切片用來製做蕃茄乳酪盤。

· 馬斯卡彭起士
（Mascarpone）

1. 屬新鮮乳酪的一種，其乳源是經過殺菌的牛奶。在做法上是利用加熱乳脂（scream）的方式，讓天然的酸性逐漸與之分離，呈凝乳化再濾出乳清。

2. 顏色米白、質地柔軟濃稠而細緻、口感微甜而清爽，適合直接用湯匙挖著吃，或用來抹餅乾、麵包土司。有時也可以代替奶油或是帕瑪森乳酪加入料理中，讓料理層次更豐富以及口感更濃稠。

3. 馬斯卡彭乳酪很適合當作義大利方餃內餡的食材，或是直接與新鮮莓果、蜂蜜搭配食用。

·雙色乳酪絲
（Pizza Cheese）

巧達乳酪（Cheddar Cheese）混合碼自瑞拉乳酪（Mozzarella）而成。Cheese 味道香濃易融不會牽絲，Mozzarella 淡淡奶味但會牽絲，柔軟性及豐富溫和乳酪香，烘烤後具拉絲特性，常見於披薩、義大利千層麵、焗烤飯、土司等西式焗烤料理。

·奶油起士
（Cream Cheese）

奶油起士質地鬆軟、奶味濃郁，可直接用來做乳酪蛋糕、乳酪慕斯或用來拌鮪魚罐頭做成乳酪鮪魚醬，或是與其他的材料扮成各種乳酪醬。乳酪醬用來塗土司或法國麵包。

✣ 香草類

· 迷迭香（Rosemary）

風味特徵／香味強烈,略帶一些苦味及甜味。具有強烈香味,可以掩蓋肉類的腥臭味,很適合作為烤雞、烤鴨或烤羊肉、牛排等的醃料。西餐料理常有將迷迭香加入水中與其他配料一起煮開,使香氣滲入其他材料中的做法。

· 百里香（Thyme）

風味特徵／溫和,味略苦,有少許刺激性,草香味濃。百里香的香味極適合搭配魚類調理,所以又有魚香料之稱。還可消除肉腥味,甜點以外均可入饌,是醬料與燴菜類常用的香料,因為香味很強,所以使用時少量即可,若菜餚需長時間烹煮,最好在最後10分鐘前再加入。

· 奧勒岡（Oregano）

風味特徵／有類似茴香的辛辣味,半甜半苦,但也含特殊的苦辣氣味。可使佳餚更香而開胃,用其葉部做沙司拉、香料醋及湯品,義大利料理中時常使用,經常搭配魚類、蛋類、蕃茄起司等料理。

· 九層塔或羅勒（Basil）

風味特徵／葉子有種強烈的類似茴香的氣味。九層塔是義大利菜的重要原料,具有濃烈的香氣,一般可用來煮麵、炒文蛤,或者切碎拌入義大利麵中,也有人將之浸泡於橄欖油中使橄欖油含有九層塔香氣,用途十分廣泛。

· **鼠尾草**（Sage）

風味特徵／堅果香味、帶
有藥草的氣息、味道和麝
香葡萄酒非常相似。經常拿
來與其他食物一起料理，鼠
尾草與豬肉、牛肉、羊肉、
鵝肉、鴨肉這些肉類一起調
理，可以降低油膩感，常常
在義大利麵料理中出現。

· **月桂葉**（Bay leaf）：

風味特徵／具有獨特芳香味道。
月桂葉多用於煲湯、燉肉、海鮮
和蔬菜。一般煮食時會直接將整
片葉不經切割使用，又或者將幾
束月桂葉連莖與其他香草綁起來
置於烹調器皿中滾煮出香氣後將
其移除，因為要的是月桂葉的芳
香而非味道。

⚜ 堅果類

·杏仁

　　杏仁烹調的方法很多，可以用來做粥、餅、麵包等多種類型的食品，還能搭配甜點佐料製成美味菜肴。

·核桃

　　常用來製作各式料理及甜點，入饌作菜不但可以提升味道層次，還可以增加香氣。

·南瓜籽

　　用來烹調成各式料理食用。南瓜籽可生食，也可加入生菜沙拉中，一同攪拌即可食用，味道甘美，烘烤後則會散發出特殊的焦香味。

❖ 其他類

·白葡萄酒

　　用於煸炒揮發酒氣，讓料理香味提升。適合搭配前菜、輕食、白肉和魚。

·紅葡萄酒

　　用於煸炒揮發酒氣，讓料理香味提升。適合搭配前菜、沙拉米香腸、烤肉和起司。

·圓形切碎蕃茄

　　拿坡里產區。切碎番茄在使用上較方便快速。義大利稱成熟金黃色番茄是「金蘋果」，用於義大利麵、披薩、湯品、甜點、飲料製作。

·長型蕃茄

　　拿坡里產區。較為甜酸，水量多，適合長時間熬煮。用於義大利麵、披薩、湯品、甜點、飲料製作。

·黑松露醬

　　有「黑色鑽石」之稱的松露，有特殊的奇香，用來做成各種調味醬汁。

·酸豆

　　製作餐點使用的點綴配料，口感帶點微酸。

· 綠橄欖

適用於製作餐點的使用配料，口感微酸、微鹹、適合用來搭配海鮮和肉類的料理。

· 黑橄欖

適用於製作餐點的使用配料，口感微酸、微鹹、適合用來搭配海鮮和肉類料理。

· 乾辣椒

香味比生辣椒更濃，可存放較久，乾燥室溫下可放一年以上。

· 肉豆蔻

肉荳蔻味道十分濃郁，烹調入菜通常只加入少許。肉豆蔻可使菠菜、花椰菜、胡蘿蔔、南瓜、甘藍菜和馬鈴薯等味道更佳鮮美，增添風味不可或缺的香料之一。

· 黑胡椒粒

味道較辛辣，還有刺激性、香氣濃郁、油脂量高。整粒多用在肉類、湯類、魚類及醃漬食品，粉狀則多用在蛋類、沙拉、肉類、湯類、調味汁及蔬菜。胡椒也可與鹽巴或其他香辛料結合成綜合調味料。

· 油漬鯷魚

地中海菜系中常常用到素材，油漬鯷魚味道很重，所以只需少量就能達到提味效果。許多以番茄為底的義大利麵料理，例如有名的煙花女麵裡就有添加。

基本工具

❖ 琴弦麵切割器
（Chitarra）

義大利曾經失傳三十年的老功夫，透過琴弦切割，一條條方形麵條，比圓形還要來的有嚼勁，加上接觸面積增加，搭配獨特的義大利醬料更能入味。

❖ 切蛋器

切割水煮蛋成片狀或舟狀的器具。

✤ 義大利麵疙瘩工具
（Gnocchi Maker）

麵糰或麵片在上面壓一壓、滾一滾，以其上的刻痕，讓麵疙瘩和義大利麵容易沾上醬汁。

✤ 鋸齒狀滾刀

製作波浪紋路麵條切割使用器具。

✤ 起士刨刀

起士刨絲專用器具。

✤ 銅頭圓滾刀

切割麵皮、麵條使用器具。

打蛋器

攪拌乳化使用器具。

圓型、方型、麵餃壓模器

製作麵餃壓模器具。

削皮器

削除蔬果表皮器具。

銅頭鋸齒狀滾刀

製作波浪紋路麵條切割使用器具。

✤ 攪拌木匙

烹調過程中使用器具。

✤ 計時器

時間定時與計時使用。

✤ 磅秤

重量顯示器，顯示重量輸出。

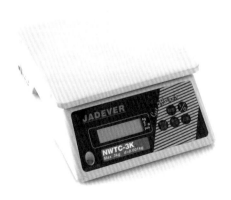

✤ 擠花嘴

可擠出不同形狀的花紋。

✧ 不銹鋼厚底鍋

厚底鍋導熱均勻、不易乾鍋，
適用於熬煮醬汁。

✧ 燙麵網

方便燙麵和瀝乾水分的煮麵器具。

✧ 炒麵鍋

烹調義大利麵條過程中使用器具。

✧ 擀麵棍

將麵團擀壓成麵皮的工具。

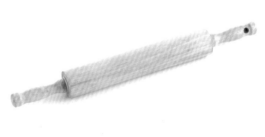

✣ 義大利麵曬乾架

方便晾乾麵條而不沾黏的木頭架。

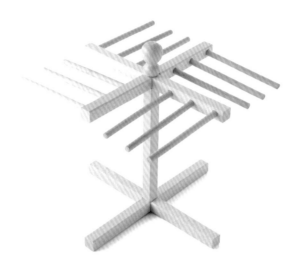

✣ 製麵機

將麵糰碾壓成麵皮的手動機器。

本書材料份量單位換算表

❖ 重量換算

· 1 公斤 ＝ 1000 克（g）
　　　　＝ 1.67 台斤
　　　　＝ 2 市斤
　　　　＝ 2.2 磅（lb）

· 1 台斤 ＝ 16 台兩
　　　　＝ 600 克（g）

· 1 台兩 ＝ 37.5 克（g）

· 1 市斤 ＝ 500 克（g）
　　　　＝ 0.8 台斤

· 1 磅（lb）＝ 16 盎司（oz）
　　　　　＝ 454 克（g）

· 1 盎司（oz）＝ 28.35 克（g）

註：磅（pound，lb）
　　盎司（ounce，oz）

❖ 容積換算

· 1 杯（C）＝ 240c.c.
　　　　　＝ 16 大匙（T）

· 1 大匙（T）＝ 3 小匙（t）
　　　　　　＝ 15 c.c.

· 1 茶匙（t）＝ 5 c.c.

· 1 公升（l）＝ 1000 毫升（ml）
　　　　　　＝ 1000 c.c.

· 1 加侖（gal）＝ 4 夸特（qt）
　　　　　　　＝ 8 品脱（pt）
　　　　　　　＝ 3.84 公升

· 1 品脱（pt）＝ 0.48 公升
　　　　　　　＝ 480 c.c.

· 1 夸特（qt）＝ 0.96 公升
　　　　　　　＝ 960 c.c.

註：加侖（gallon，gal）
　　夸特（quart，qt）
　　品脱（pint，pt）

Chapter

2

開 始 製 作
手 工 義 大 利 麵

享受做手工麵的樂趣

義大利麵的靈魂是麵條。很多人吃義大利麵會注意蛤蜊放了幾顆，蝦放了幾隻，而事實上這都是表象，義大利麵的重點無疑是麵條。

以基本的蛋麵為例子，介紹手工麵的做法。充分的揉和麵糰，充分的靜置時間，讓水分均勻的分佈，使口感變得更好。自製義大利麵除了可以享受自己塑形的樂趣，還能加入蔬菜、果泥、香料等食材，混搭出不同花樣。

手工義大利麵的製作流程

和麵 ────────────────────────→

在乾淨平滑的工作平台上，用叉子把麵粉（和杜蘭小麥粉（Semolina），如果你有使用的話）和鹽均勻混合，用手在中央挖一個火山口一樣的洞。火山口裡打入所有的蛋（並且加入橄欖油，如果你有使用的話），用叉子一邊將蛋液攪打均勻，一邊從周圍慢慢帶進少量麵粉，耐心的持續這個動作，盡可能的把所有麵粉和蛋液混合。

1

2

2 揉麵

　　形成麵糰塊以後，利用手掌力量揉壓，揉壓成糰並塑形為球狀，直到不沾手為止。（麵糰揉越久越富彈性），麵糰太乾，加入少量溫水；太溼，則加少許麵粉。用少量多次的方式調整麵團的軟硬度，直到麵糰質地均勻。

　　目的是將麵糰揉至「三光」，意即麵糰光、容器光、手光的狀態。捏口向下，麵糰表面塗上一層橄欖油，避免水分散發，包上一層保鮮膜，靜置30分鐘醒麵。

1

2

[Tips]

✤ 加溫水雖然可以軟化麵糰，在揉製時較不費力，不過成品口感相對軟嫩不彈牙。如果喜歡彈牙的雞蛋麵，建議使用全蛋液，多用點力氣揉麵糰(可以試試邊擇邊揉的方式，效果不錯)，這樣不但可以吃到彈牙的麵條，還可以順便燒掉一些身體的卡路里。

✤ 各品牌麵粉的吸水程度多少有些差異，選用固定品牌的麵粉多做幾次後就可以精確掌握液體用量。

✤ 要做成各種口味的麵糰，必須在加入新鮮雞蛋的同時，一起加入喜歡的食材，如墨魚汁、可可粉、菠菜泥、甜菜汁……。

3 擀壓

等麵糰稍微鬆弛後，用擀麵棍擀成長型，從窄端兩邊折回中央形成三層，轉 90 度後，再用擀面棍桿開成長型，重複此動作數次，直到麵糰呈現光滑，像耳垂觸感般時就可以停止。蓋上濕布讓麵糰休息一下再進行切麵動作。

1

2

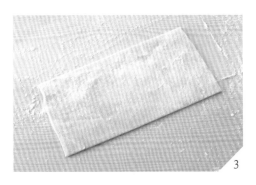

3

4 裁切

義大利麵皮依不同形狀及造型，利用工具切割、裁切、分割。

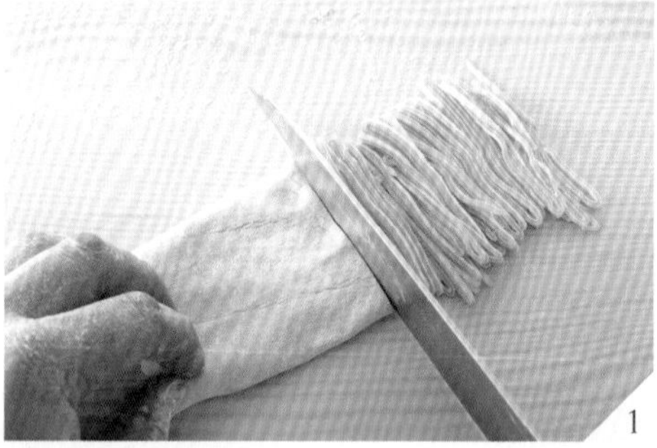

1

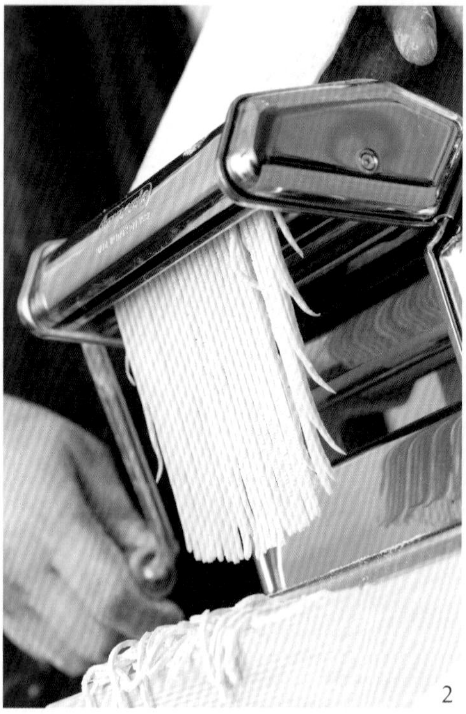

2

5 晾乾保存

　　新鮮雞蛋麵最好是現做現煮，味道最好。沒有這麼多時間做麵的話，可多做一些，將做好的麵條掛放在通風處數小時，讓部分水分散去，取下後分批裝袋，放冷藏或冷凍庫保存。冷藏麵條 3 天內吃完，冷凍可以放 1 ～ 2 星期。

義大利手工麵糰調色盤

⚜ 雞蛋手工麵糰

[材料] 麵糰成品大約為 500 ～ 600 公克

· 中筋麵粉　430 公克

· 特級橄欖油　15cc

· 新鮮雞蛋　4 ～ 5 顆（視雞蛋大小情況做調整）

· 鹽　8 公克

＊另外準備 50 公克麵粉撒於工作檯上，當手粉使用。

[作法]

1　麵粉中間挖一個洞，築成一個麵牆，並在中間打入新鮮雞蛋、特級橄欖油、鹽。

2　先以叉子將新鮮雞蛋由中間往外攪拌麵粉，大約成型後即可將周圍麵粉揉入。

3　以推的方式揉麵糰，避免把麵筋壓斷，每個人的手溫與力道不同也會有所差異。

4　蓋上保鮮膜靜置 30 分鐘，此動作為「醒麵」。

[Tips]　切好的麵條立刻灑上中筋麵粉，避免沾黏。

✤ 墨魚手工麵糰

[材料]　麵糰成品大約為 550 ~ 650 公克

· 中筋麵粉　470 公克

· 墨魚汁　30 公克
　（向魚販購買新鮮墨
　囊或購買瓶裝墨魚汁）

· 特級橄欖油　15cc

· 新鮮雞蛋　4 顆
（視雞蛋大小情況做調整）

· 鹽　5 公克

＊另外準備 50 公克麵粉撒於工作檯上，當
　手粉使用。

[Tips]

切好的麵條立刻灑上中筋麵粉，避免沾黏。

[作法]

1　麵粉中間挖一個洞，築成一個麵牆，並在中間打入新鮮雞蛋、特級橄欖油、鹽、墨魚汁。

2　先以叉子將新鮮雞蛋由中間往外攪拌麵粉，大約成型後即可將周圍麵粉揉入。

3　以推的方式揉麵糰，避免把麵筋壓斷，每個人的手溫與力道不同，結果也會有所差異。

4　蓋上保鮮膜靜置 30 分鐘，此動作為「醒麵」。

✥ 菠菜手工麵糰

[材料] **麵糰成品大約為 550 ～ 650 公克**

· 中筋麵粉　430 公克

· 菠菜泥　170 公克

· 特級橄欖油　20cc

· 新鮮雞蛋　1 顆

· 鹽　8 公克

＊另外準備 50 公克麵粉撒於工作檯上，當
　手粉使用。

[Tips]

切好的麵條立刻灑上中筋麵粉，避免沾黏。

[作法]

1　菠菜燙過冰鎮待涼，擠乾
　水分，用果汁機打成細
　泥，將多餘水分瀝乾。

2　麵粉中間挖一個洞，築成
　一個麵牆，並在中間打入
　新鮮雞蛋、特級橄欖油、
　鹽、菠菜泥。

3　先以叉子將新鮮雞蛋由中
　間往外攪拌麵粉，大約成
　型後即可將周圍麵粉揉入。

4　以推的方式揉麵糰，避
　免把麵筋壓斷，每個人
　的手溫與力道不同也會
　有所差異。

5　蓋上保鮮膜靜置 30 分鐘，
　此動作為「醒麵」。

✤ 甜菜手工麵糰

[材料] **麵糰成品大約為 650 ～ 700 公克**

· 中筋麵粉　450 公克

· 甜菜根汁　200 公克

· 水　適量

· 特級橄欖油　15cc

· 新鮮雞蛋　1 顆

· 鹽　8 公克

＊另外準備 50 公克麵粉撒於工作檯上，當
　手粉使用。

[Tips]

切好的麵條立刻灑上中筋麵粉，避免沾黏。

[作法]

1 甜菜根去皮切片，加入少
　許水，用果汁機打成細泥，
　過濾將甜菜根汁留下。

2 麵粉中間挖一個洞，築成
　一個麵牆，並在中間打入
　新鮮雞蛋、特級橄欖油、
　鹽、甜菜根汁。

3 先以叉子將新鮮雞蛋由中
　間往外攪拌麵粉，大約成
　型後即可將周圍麵粉揉入。

4 以推的方式揉麵糰，避
　免把麵筋壓斷，每個人
　的手溫與力道不同也會
　有所差異。

5 蓋上保鮮膜靜置 30 分鐘，
　此動作為「醒麵」。

✥ 可可手工麵糰

[材料]　麵糰成品大約為 500 ～ 600 公克

· 中筋麵粉　450 公克

· 可可粉　25 公克

· 特級橄欖油　15cc

· 新鮮雞蛋　4 ～ 5 顆（視雞蛋大小情況做
　調整）

＊另外準備 50 公克麵粉撒於工作檯上，當
　手粉使用。

[Tips]

切好的麵條立刻灑上中筋麵粉，避免沾黏。

[作法]

1. 麵粉與可可粉混合，中間挖一個洞，築成一個麵牆，並在中間打入新鮮雞蛋、特級橄欖油、鹽。

2. 先以叉子將新鮮雞蛋由中間往外攪拌麵粉，大約成型後即可將周圍麵粉揉入。

3. 以推的方式揉麵糰，避免把麵筋壓斷，每個人的手溫與力道不同也會有所差異。

4. 蓋上保鮮膜靜置 30 分鐘，此動作為「醒麵」。

✧ 南義手工麵糰

[材料]　**麵糰成品大約為** 300 ～ 400 **公克**

· 中筋麵粉　250 公克

· 水　130cc

· 鹽　少許

· 特級橄欖油　10cc

＊另外準備 50 公克麵粉撒於工作檯上，當
　手粉使用。

[Tips]

· 白麵糰正常會太乾，需要加多一點水，讓
　揉製麵糰有延展性。

· 切好的麵條立刻灑上中筋麵粉，避免沾黏。

[作法]

1　麵粉中間挖一個洞，築成
　一個麵牆，並在中間加入
　水、鹽、特級橄欖油。

2　用指尖由中間往外攪拌麵
　粉，讓麵粉整體均勻吸收
　水分。

3　以推的方式揉麵糰，避
　免把麵筋壓斷，每個人
　的手溫與力道不同也會
　有所差異。

4　蓋上保鮮膜靜置 30 分鐘，
　此動作為「醒麵」。

認識手工麵條的形狀和做法

　　從基本的麵糰做出五花八門的手工麵，有些種類的手工麵必須藉助專用道具來呈現，在此為大家介紹傳統又美味的各式造型手工麵。

　　義大利麵的種類琳瑯滿目，如：水管麵、螺旋麵、車輪麵、貝殼麵、寬扁麵、方餃麵、千層麵 .... 等等各種不同形狀，根據統計共有一千多種的形狀，源自於義大利每一個家庭的媽媽隨心所欲、發揮創意而來。當地對義大利麵的品質要求更是令人欽佩，明文規定必須以優良小麥粉製作，不得添加任何防腐劑及人工色素。通常北義大利多用麵粉加雞蛋拌勻而成，平均 1 公斤麵粉需要 9 ～ 10 個新鮮雞蛋，故麵條呈淡黃色；而南義大利則只用麵粉加清水，外觀呈白色，且多為通心麵。

　　雞蛋義大利麵的比例很好記，麵粉：蛋 =1：1， 麵粉以 100g 為單位則使用 1 顆蛋，如此類推。你可以選擇用全麵粉 (低筋或中筋麵粉皆可) 來製作，麵條口感比較滑嫩；或用特細硬小麥粉，取代部分的麵粉。

　　做手工麵的過程得加蛋，加了蛋的麵條會有另外一種咬感。如果純用杜蘭小麥粉（Semolina）製作麵條，那麼煮熟後的口感會比較硬。

　　在傳統的義大利雞蛋麵中不會加入橄欖油或任何油類，本書為了讓讀者們容易操作些，加了橄欖油的麵團可以幫助鎖住水分，麵團比較不會在揉製期間因水分蒸散導致操作困難，你可以依照喜好斟酌使用。

　　道地的義大利麵不能煮太久，最好是滾水燙幾下就撈起，加上橄欖油、蕃茄等其他調味和佐料即可，才有嚼勁（Al dente）。

　　麵條與醬汁依個人口味及口感喜愛選擇，沒有太大的限定，會有一些特定的醬汁與麵條搭配，如肉醬麵會搭配寬麵，主要是造型麵吸附醬汁的多與少。

義大利天使細麵
（Capellini）

麵厚度約 0.1 公分，寬度約 0.1 公分，用刀切完成這個麵型。

義大利寬麵
（Tagliatelle）

麵厚度約 0.2 公分，寬度約 0.2 公分，用刀切完成這個麵型，也可使用機器切割完成。

義大利扁麵
（Tagliolini）

麵厚度約 0.2 公分，寬度約 0.1 公分，
用刀切完成這個麵型，也可使用機器
切割完成。

義大利千層麵皮
（Lasagna ）

厚度約 0.2 ～ 0.3 公分，長度依照你
使用的烤皿決定，用鋸齒滾輪刀切，
這樣有比較可愛的花邊。

1

1

2

2

3

義大利寬扁麵
（Pappardelle）

厚度約 0.2 公分，寬度約 2 公分，麵皮撒上適量手粉防黏後捲起，用利刀切，甩散即可。

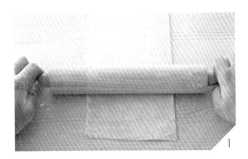

義大利波浪麵
（Mafald）

厚度約 0.2 公分，寬度約 1 公分，可以切成長條型或小長方形，用鋸齒滾輪刀製造波浪邊，然後沿虛線撕開。

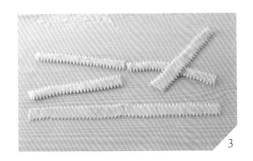

義大利琴弦麵
（Chitarra）

厚度約 0.2 公分，寬度約 10 公分，將
麵皮放置琴弦上，以桿麵棍向前向後
壓製麵條。

義大利貓耳朵麵
（Orecchiette）

麵糰搓揉成直徑 1 公分的棍狀麵糰，
切成 1 公分大小一致的小麵糰，用拇
指按壓做出貓耳朵形狀。

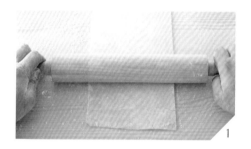

1

1

2

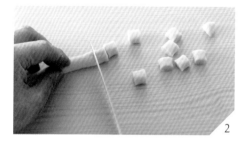

2

3

義大利花紋管麵（蛋捲麵）
（Garganelle）

厚度約 0.2 公分，寬度約 4 x 4 公分，切成大小相等的方型，將麵皮斜放在板子上，麵皮尖角放上小木棍往前捲至另一尖角，麵皮抽出就是整齊紋路的管狀麵。

義大利扭繩麵（特飛麵）
（Mafald）

麵糰搓揉成直徑 2mm 的長條狀，兩手指尖反向上下搓動，將麵搓成捲曲狀。

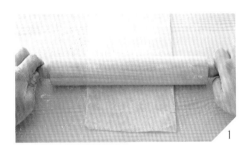

義大利蝶型麵
（Farfalla）

厚度約 0.1 ～ 0.2 公分，寬度約 3 ～ 4 公分，用鋸齒滾輪刀切成大小相等的方型，在麵皮中間沾上清水，再用兩隻手指從中間捏緊。

1

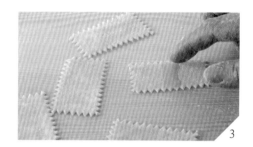

3

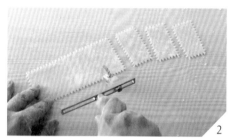

2

4

義大利方形麵餃
（Ravioli）

厚度約 0.1 ～ 0.2 公分，寬度約 10 公分，長度約 50 公分，挖一球球的餡料排放在麵皮上， 中間記得留空隙，把另外一片麵皮蓋上去，用手指按壓讓兩片麵皮接合，用滾刀切除多餘的邊，以方型壓模器壓成方形義大利餃，然後沿虛線撕開即可。

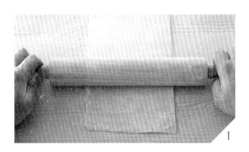

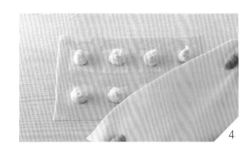

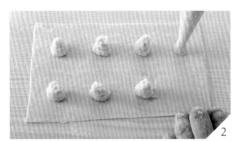

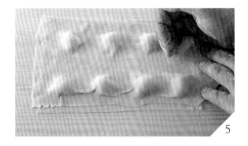

義大利餛飩麵餃（Tortelloni）

厚度約 0.1 ～ 0.2 公分，使用直徑 10 公分圓形模，壓出圓型的麵皮，中間放入餡料，對折，將邊緣捏緊，將前端與中間餡體對折重疊，再將兩旁雙邊角捏合成一個圈，就完成一個義大利餃。

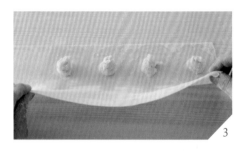

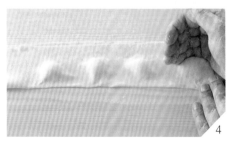

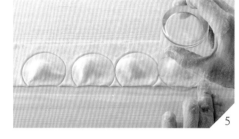

Chapter

3

開 始 製 作 義 大 利 麵
基 礎 醬 汁

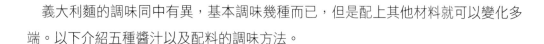

義大利麵的調味同中有異，基本調味幾種而已，但是配上其他材料就可以變化多端。以下介紹五種醬汁以及配料的調味方法。

紅醬

以番茄為基底的紅醬，是初識義大利麵時就不會忘記的調味。蕃茄的酸香是這種醬料的重點，加上其他食材調味做出變化，常見的如：羅勒。

肉醬

是紅醬的進階，同時也是大家最熟悉的口味。蕃茄碎再加入絞肉、紅酒、高湯與其他調味一起熬煮，味道豐厚。

白醬

以奶油、麵粉、牛奶為主料製作而成。製作時注意不要弄得太稠，適時加水調整，否則不好拌勻，也容易膩口。

青醬

台灣人愛九層塔，義大利人愛羅勒，其實都是同一個家族的香草植物，但義大利的羅勒味道較淡雅，且有一絲茉香。青醬以羅勒、松子、大蒜和橄欖油打製而成。

南瓜奶醬

在義大利當地沒有這道食譜！一般南瓜醬作法則是直接蒸熟搗泥使用，而這裡則是融入了奶油和鮮奶油，增加了香氣以及滑順口感。

除了以上五種基礎醬汁以外，添加其他的配料會產生不同的風味。額外有些清炒類作法：

橄欖油、香草及白酒清炒

這種做法口感較清爽，加入的材料也變化更多，如常見的白酒蛤蜊麵、炒蔬菜麵等。

羅勒、荷蘭芹、義大利香料

煮醬料時可以加入乾燥香料，或是起鍋排盤後灑上當點綴。紅醬適合加點羅勒，因為蕃茄和羅勒是很好的搭配。

帕馬森乳酪粉

萬用調味，現磨的最有香氣，排盤後再刨絲上去，好看又香氣十足。

✣ 波隆那肉醬

[材料]

· 特級橄欖油 150cc

· 豬後腿絞肉 200 公克

· 牛絞肉 200 公克

· 大蒜（去皮切碎） 20 公克

· 洋蔥（去皮切絲） 400 公克

· 紅蘿蔔（去皮切碎） 40 公克

· 西洋芹（去皮切碎） 60 公克

· 紅酒 400cc

· 義大利香料 5 公克

· 荳蔻粉 3 公克

· 切碎蕃茄 200 公克

· 水 600cc

· 鹽 適量

· 黑胡椒粉 少許

[作法]

1 豬後腿絞肉與牛絞肉，事先醃製義大利香料、荳蔻粉、特級橄欖油 100CC，靜置 20 分鐘。

2 將絞肉壓至圓扁形，中小火煎至兩面焦色，方可搗碎炒香。

3 肉類炒香後，加紅酒拌炒至酒氣消失，將炒香肉醬先倒出至盤子備用。

4 炒肉的油留下來炒大蒜碎、洋蔥絲、紅蘿蔔碎、西芹碎至香軟（約 20 分鐘）。

5 將步驟 3 與 4 混合成一鍋攪拌，加入切碎蕃茄、水、鹽、黑胡椒粉，小火煮 2 小時即完成。

[Tips] 絞肉煎焦香上色，肉醬香味才會濃郁。製作完成時，冷藏冰一天，味道會比剛做好的肉醬好吃。

✦ 拿波里紅醬

[材料]

· 罐頭整粒蕃茄或罐頭切碎蕃茄　500 公克

· 洋蔥（去皮切碎）　250 公克

· 大蒜（帶皮壓碎）　20 公克

· 月桂葉　2 片

· 九層塔　80 公克

· 鹽　適量

· 白胡椒粉　適量

· 水　300cc

· 特級橄欖油　250cc

[Tips]

切記熬煮醬汁時，使用厚底鍋子以避免黏鍋
燒焦。

[作法]

1　罐頭裡的整粒蕃茄用手先捏碎，罐頭裡的切碎番茄則不用捏碎。

2　將鍋子加熱注入特級橄欖油，放入大蒜小火爆香至金黃色，挑除，再放入洋蔥碎炒香軟。

3　再放入蕃茄和水煮滾，再放入月桂葉、九層塔、鹽、白胡椒粉炒均勻，再用小火慢燉 1.5 小時即可。

✧ 熱那亞青醬

[材料]

· 九層塔 250 公克

· 杏仁片（烤過） 20 公克

· 特級橄欖油 200cc

· 帕瑪森乳酪絲 20 公克

· 蒜頭 10 公克

· 鹽 5 公克

[Tips]

青醬打過久時，果汁機會有熱度，隔水冰鎮
可以降溫，保持醬汁的鮮綠色澤。

[作法]

1 用果汁機加入橄欖油、蒜頭打成泥，再下杏仁片稍微打碎。

2 九層塔分 2 ～ 3 次打碎（一次全下會有打不動的狀況）。

3 鹽、帕瑪森乳酪絲後加，成品打好呈現微顆粒狀。

4 裝入容器後，上層再加些許橄欖油蓋過醬汁，防止氧化變色。

奶油白醬

[材料]

· 奶油 60 公克

· 中筋麵粉 60 公克

· 荳蔻粉 適量

· 鹽 適量

· 牛奶 1200cc

· 奶油 10 公克

[Tips]

製作時用中小火烹煮，使用打蛋器均勻攪拌，
防止黏鍋燒焦，以免影響口味。

[作法]

1 奶油加熱融化，倒入麵粉，用小火慢慢拌炒約 5 分鐘（切記勿炒焦），冷卻備用。

2 另一鍋牛奶煮沸後，倒入麵糊中，開小火，邊煮邊攪拌醬汁。

3 煮沸後，加入荳蔻粉及鹽，過篩裝容器。

4 將步驟 3 的醬汁加入奶油 10 公克，並刷開表層，以防止醬汁的表層硬化。

✤ 南瓜奶醬

[材料]

· 奶油　120 公克

· 南瓜　400 公克

· 紅蘿蔔　50 公克

· 洋蔥（去皮切絲）　20 公克

· 鮮奶油　100cc

· 水　300cc

· 鹽　適量

[Tips]

製作時用小火烹煮，才能將南瓜、紅蘿蔔炒出鮮甜的味道，醬汁才會濃郁。

[作法]

1　南瓜去皮去籽（如果使用橘皮的東昇南瓜，則不需要去皮），紅蘿蔔去皮，兩者切成片狀。

2　冷鍋放入奶油，開小火加熱至奶油溶化，放入南瓜片、紅蘿蔔片，小火炒至熟透軟化，才可放入洋蔥絲炒軟。

3　加入鮮奶油、水、鹽，小火煮 15 分鐘後，打成泥即完成。

Chapter

4

開 始 製 作
義 大 利 餃 內 餡

✤ 雞肉起士內餡

[材料]

· 雞胸肉　150 公克

· 瑞可達起士（Ricotta）　50 公克

· 新鮮蛋黃　1 顆

· 帕瑪森乳酪絲　60 公克

· 鹽　適量

· 白胡椒粉　適量

[Tips]

製作麵餃的餡料，每個約 10 公克的份量。

[作法]

1. 洗淨雞胸肉，去除筋膜，再將水分擦乾，並切成大塊狀。

2. 先將雞胸肉放入食物料理機中攪打成泥狀。

3. 再加入瑞可達起士、帕瑪森起士粉、新鮮蛋黃、鹽、白胡椒粉一同攪拌均勻即完成。冷藏 30 分鐘即可使用製作。

鮮蝦菠菜內餡

[材料]

· 草蝦（去殼） 200 公克
· 奶油白醬（作法請見 P70） 50 公克
· 新鮮蛋黃 1 顆
· 菠菜葉（燙過） 20 公克
· 帕瑪森乳酪絲 20 公克
· 特級橄欖油 10 cc
· 鹽 適量
· 白胡椒粉 適量

[作法]

1 草蝦剝殼，去除泥腸，切小丁，擦乾水分。

2 菠菜葉燙過、冰鎮，切粗碎，將水擠乾。

3 把步驟 1 和步驟 2 的材料加入新鮮蛋黃、特級橄欖油、鹽、白胡椒粉、白醬、帕瑪森起士粉，攪拌均勻。冷藏 30 分鐘即可使用製作。

[Tips]

製作麵餃的餡料，每個約 10 公克的份量。

✤ 牛肉蘆筍內餡

[材料]

· 牛絞肉　150 公克

· 新鮮蛋黃　1 顆

· 荳蔻粉　少許

· 蘆筍（煮熟）　100 公克

· 帕瑪森乳酪絲　50 公克

· 細麵包粉　20 公克

· 鹽　適量

· 白胡椒粉　適量

[作法]

1 先將蘆筍先燙過，冰鎮、切丁。

2 切丁蘆筍與牛絞肉、新鮮蛋黃、荳蔻粉、帕瑪森起士絲、細麵包粉、鹽、白胡椒粉，全部充分混合攪拌均勻。

3 放置冰箱冷藏 30 分鐘後即可使用製作。

[Tips]

製作麵餃的餡料，每個約 10 公克的份量。

Chapter

5

開始製作
義大利麵基礎高湯

✢ 雞高湯

〔材料〕

· 雞胸骨 1 公斤

· 雞腳 10 隻

· 洋蔥 1 顆

· 牛蕃茄 1 顆

· 紅蘿蔔 1 條

· 西洋芹 1 支

· 百里香 5 公克

· 丁香 10 粒

· 月桂葉 3 片

· 黑胡椒粒 10 公克

· 水 適量

作法

1. 在洋蔥上劃一刀,把月桂葉放進刀痕裡,再刺進丁香,這樣月桂葉和丁香就會跟著洋蔥一起沈入湯裡,也才能完整的釋放香氣。黑胡椒粒直接放入湯鍋。

2. 把所有材料放入湯鍋,加水之後開大火熬煮,在水快要滾之前調成最小的火,切忌大火大滾,維持將滾未滾的狀態熬煮約 2 小時。

3. 熬煮之間要不斷地撈除雜質浮泡。如果高湯變少無法淹過食材,可以酌量加水繼續熬煮,高湯熬製完成立刻過濾,然後再次煮滾。

4. 過濾的過程中可能會接觸到生水和空氣中的細菌,再次煮滾是為了確保高湯品質。

✛ 魚高湯

材料

· 白肉魚骨（鱸魚）2 公斤
· 洋蔥（去皮切絲）1 顆
· 蘑菇（切片）10 朵
· 西洋芹（切段）2 支
· 百里香 10 公克
· 蒜頭（帶皮壓開）5 顆
· 月桂葉 1 片
· 白酒 200cc
· 白胡椒粒 15 公克
· 水 適量
· 一般橄欖油 少許

作法

1. 魚骨處理非常重要，魚頭切半，魚骨切小段，用流動的水沖洗至少 15 分鐘（沖洗過程中仔細去除魚骨內的血塊、血絲，尤其是魚頭要徹底清洗，眼珠也要去除，因為有一絲血塊就有魚腥味）。

2. 厚底鍋中加熱一般橄欖油，小火爆香壓開蒜頭，再加入西洋芹段、蘑菇片、洋蔥絲、月桂葉、百里香，用中小火拌炒，避免炒焦（焦了就不會有純白色的魚高湯）。

3. 蔬菜都炒軟之後加入魚骨，炒到魚肉部分都變白，加入白酒熬煮至酒精揮發，加入適量的水，淹蓋過所有的材料熬煮 20 分鐘。

4. 熬煮的過程中要不斷撈除浮末，但不要攪拌，也不要加蓋，火力維持在高湯表面小滾的程度。

5. 熬煮 20 分鐘後，用細小濾網過濾，再次開火煮到沸騰就可以使用。

Chapter

6

煮義大利麵
的黃金十大守則

該如何煮好義大利麵？在這裡教你黃金十大手則，第一次煮麵就上手，輕鬆煮出讓所有人驚嘆的好料理。

守則 1. 先製作醬汁

義大利麵廚師通常是一邊做醬汁一邊煮麵，但是在一般家庭裡，想要如此精確的抓準時間點實在很難。聰明的義大利主婦會先把醬汁煮好，這樣一來就萬無一失了。

守則 2. 蒜頭不要剝皮

把整顆大蒜連皮一起拍碎使用。這樣大蒜不但香味溫潤，而且也不容易焦掉。只要在調煮過程中巧妙的把蒜頭皮取出，讓大蒜煎成金黃色就 OK 了。

守則 3. 使用冷鍋

最重要的秘訣在於使用冷鍋，先將橄欖油、蒜頭、紅辣椒放進鍋中再開火，千萬不要一開始就先將橄欖油加熱。以小火熱鍋 2 ～ 3 分鐘，慢慢加熱才能讓香氣融入橄欖油內。

守則 4. 利用煮麵水增添鹹味與麵粉的鮮味

基本上，醬汁裡的鹹味是利用煮麵水來調整的。因此，當醬汁完成度近八成時，就可以加入煮麵水來調味。由於煮麵水裡融入了麵粉的鮮味，能讓醬汁的鮮味更顯深度與溫潤感。

✤ 煮手工麵條

守則 5. 水滾之後加入鹽巴

　　兩人份的麵條大概需要熱水 3 公升與鹽 21 克。請記住，鹽的比例大約佔 1%。由於煮麵水還要當調味料使用，謹守這個比例非常重要。可以使用帶點甜味的岩鹽，或是一般的粗鹽也可以。先將水煮沸再加入鹽巴，短時間內就能完成這項準備工作。

守則 6. 盡量不去碰麵條

　　將麵條放進滾水裡之後，一開始的 30 秒不要去動它。如果攪動過頭，不但水溫會下降，麵條表面也容易受傷，會讓麵條裡的鹹味流失。之後也頂多攪動 1 ～ 2 次，可以的話盡量不要去動它。

守則 7. 未煮熟與有咬勁的差別

　　「Al Dente」的意思是「咬勁」，也就是指麵條中心保留了一條細針般麵芯的狀態。義大利人認為吃沒煮熟的麵粉對身體不好，因此麵芯太過明顯也不受歡迎。煮麵時要把餘熱的時間算進去，讓麵條煮到麵芯硬度適中，咬勁恰到好處的狀態。

守則 8. 與鹽分、水分、時間的對決

　　煮義大利麵最困難的地方就在於翻炒的技巧。一邊加著煮麵水補充鹽分與水分，一方面又得加熱讓醬汁與麵條蒸發掉多餘水分，是一項非常注重平衡感的作業。秘訣在於視鍋裡的狀況，適當增減煮麵水的份量。

守則 9. 勤於熄火

一邊加熱一邊翻炒的過程中，如果動作太慢，麵條就會軟爛失去咬勁。為了避免失敗，拌炒過程中一定要勤於熄火。利用餘熱還是能讓水分散去，讓醬汁與麵條維持該有的乾爽度。

守則 10. 以乳酪粉增添濃醇度

一般人都認為帕馬森乾酪（Parmigiano）是上菜後再另外添加，其實像茄汁等需要熬煮且味道厚重的醬汁，在最後一道程序時加入乳酪，可以增添濃醇度。記得先熄火再加，香氣才不會跑掉。

主廚叮嚀

- 煮麵水加鹽：水煮過程中，義大利麵需要吸收水，此時加入鹽可以增加味道，使其味更好。

- 鍋子裡要有足夠的水，並不時攪拌以免義大利麵黏在一起。

- 煮麵水不需要加橄欖油，因為加油會使麵和醬汁分離，影響義大利麵吸收醬汁。

Chapter

7

沙拉類
義大利麵食譜

南瓜乳酪野蔬義大利麵

- 義大利蝶型麵 130 公克
  （建議使用麵型）

- 東昇南瓜 200 公克

- 莫札瑞拉乳酪 100 公克

- 梨子 1/4 顆

- 櫻桃小蕃茄 5 顆

- 芝麻葉 30 公克

- 核桃碎（烤過） 30 公克

- 白酒醋 70cc

- 蜂蜜 20 公克

- 芥末醬 10 公克

- 芥末籽醬 10 公克

- 特級橄欖油 200cc

- 鹽 適量

- 黑胡椒粉 適量

- 帕瑪森乳酪絲 30 公克

［ 作法 ］

1 製作醬汁：將芥末醬、芥末籽醬、白酒醋、蜂蜜攪拌均勻，用鹽、黑胡椒粉調味，特級橄欖油慢慢加入，攪拌成乳化狀，放入冰箱備用。

2 東昇南瓜洗淨去籽切成塊狀，淋少許特級橄欖油，以鹽、黑胡椒粉拌勻，放入鍋內蒸熟透，取出冷卻。

3 義大利蝶型麵放入煮沸鹽水中，煮約 3 分鐘至麵軟至適中，撈起，淋些許特級橄欖油拌均勻放涼。

4 梨子去皮切片，莫札瑞拉乳酪切丁狀，櫻桃小蕃茄切半，芝麻葉泡冰水後擦乾。

5 義大利蝶型麵拌入梨子片、莫札瑞拉乳酪丁、櫻桃小蕃茄片，用鹽、黑胡椒粉調味，加少許特級橄欖油攪拌。

6 盛盤，鋪上芝麻葉，撒上核桃碎，最後撒上帕瑪森乳酪絲，食用前淋上醬汁攪拌，即可享受美食。

［ 小叮嚀 ］

- ✤ 麵的粗細厚度會影響烹煮的時間，手工麵大致上煮到麵條浮起來就差不多好了。

- ✤ 芝麻葉若買不到，可用生菜類取代。如綠捲生菜、蘿蔓生菜等。

- ✤ 南瓜避免蒸煮過久，以免糊化影響口感與顏色。

蕃茄香草雞肉義大利麵

[材料] 2 ～ 3 人份

✤ 義大利扭繩麵（特飛麵） 160 公克
（建議使用麵型）

✤ 牛蕃茄 1/2 顆

✤ 生雞胸肉 1 片

✤ 黑橄欖 5 顆

✤ 九層塔葉 10 片

✤ 帕瑪森乳酪絲 10 公克

✤ 迷迭香葉 2 公克

✤ 酸豆 10 公克

✤ 芥末籽醬 15 公克

✤ 特級橄欖油 150cc

✤ 鹽 適量

✤ 白胡椒粉 適量

[作法]

1 將生雞胸肉表面筋膜去除，在雞胸肉上隨意戳6 ～ 7 個小洞，泡入鹽水中靜置 1 小時。

2 起另一鍋冷水，放入生雞胸肉，開火加熱至水滾，計時煮 5 分鐘，關火，浸泡約 10 分鐘，取出放涼。

3 義大利扭繩麵 (特飛麵) 放入煮沸鹽水中，煮約 5 分鐘至麵軟適中，撈起，淋些許特級橄欖油拌均勻放涼。

4 牛蕃茄洗淨去蒂頭，切成塊狀。九層塔葉、迷迭香葉略切成絲，冰涼後的雞胸肉切成塊狀。

5　取一個容器，放入牛蕃茄塊、酸豆、九層塔絲、迷迭香葉絲、雞胸肉塊、義大利紐繩麵、黑橄欖、芥末籽醬，用鹽、白胡椒粉調味，淋上特級橄欖油，大致拌一下。

6　盛盤，最後撒上帕瑪森乳酪絲，即可享受美食。

［ 小叮嚀 ］

✧ 麵的粗細厚度會影響烹煮的時間，手工麵大致上煮到麵條浮起來就差不多好了。

✧ 軟化生雞胸肉，可事前泡鹽水 1 小時，使雞胸肉煮熟後比較不會乾澀。鹽水比例約為 1000cc 生水，10 公克鹽。

✧ 煮滾浸泡雞胸肉的時間，需依雞胸肉大小來做變更，大致 5 ～ 10 分鐘。

尼斯鮪魚野蔬義大利麵

[材料]　2 ～ 3 人份

+ 義大利貓耳朵麵 130 公克
  （建議使用麵型）
+ 油漬鮪魚罐頭 1 小罐
+ 鯷魚罐頭（小）6 條
+ 四季豆 50 公克
+ 黑橄欖（切圓片）5 顆
+ 酸豆 20 公克
+ 水煮蛋切片 半顆
+ 櫻桃小蕃茄（切半）5 顆
+ 大蒜（去皮切碎）2 瓣
+ 紅甜椒（切絲）30 公克
+ 黃甜椒（切絲）30 公克
+ 蘿蔓生菜 150 公克
+ 檸檬 1 顆
+ 特級橄欖油 200cc
+ 鹽 適量
+ 黑胡椒粉 適量

[作法]

1 義大利貓耳朵麵放入煮沸鹽水中，煮約 6 分鐘至麵軟適中，撈起，淋些許特級橄欖油拌勻放涼。

2 四季豆放入煮沸鹽水中燙過、冰鎮、切斜片。

3 事先將蘿蔓生菜一片片撥開泡冰水 15 分鐘、脫水擦乾、切大塊狀。

4 再將油漬鮪魚罐頭的油水略為擠乾。

5 **製作醬汁：**

Step1. 將鯷魚放入碗中，用打蛋器搗碎，加入蒜頭碎，用削皮刀取半顆檸檬皮，切絲放入。

Step2. 其餘檸檬擠成汁加入，特級橄欖油慢慢加入，攪拌成乳化狀，用鹽、黑胡椒粉調味備用。

6　把切好的蘿蔓生菜鋪在底部，
再放上貓耳朵麵、紅黃甜椒絲、
櫻桃小番茄切半、水煮蛋片、
酸豆、黑橄欖切圓片、四季豆
斜片，油漬鮪魚放在最上面。

7　淋上醬汁，食用前攪拌均勻，
即可享受美食。

[小叮嚀]

　✦　麵的粗細厚度會影響烹煮的時
　　　間，手工麵大致上煮到麵條浮起
　　　來就差不多好了。

　✦　醬汁冰過後風味更佳，食用前再
　　　攪拌，均勻淋上。

冰涼油醋鮮蝦義大利麵

[材料]　2 ～ 3 人份

- 義大利扁麵　120 公克
  （建議使用麵型）
- 小蕃茄（切圓片）3 顆
- 燙熟鮮蝦（去殼）2 尾
- 水煮蛋（切片））半顆
- 九層塔葉　5 片
- 大蒜（去皮切碎）1 瓣
- 特級橄欖油　90cc
- 巴沙米可醋　30cc
- 鹽　適量
- 白胡椒粉　適量

[作法]

1　義大利扁麵放入煮沸鹽水中，煮約 2 分鐘，撈起後泡冰水至冰涼，瀝乾捲起備用。

2　**製作醬汁**：蒜碎與巴沙米可醋放入碗中，特級橄欖油慢慢加入碗中，使用打蛋器均勻攪拌，使油醋醬產生乳化作用，加入適量鹽和白胡椒粉攪拌，醬汁完成時會呈現濃稠狀。

3　將小蕃茄圓片、水煮蛋切片、燙熟鮮蝦，放置於義大利麵的周圍，九層塔葉剝碎放入。

4　食用前淋上醬汁，拌均即可享受美食。

[小叮嚀]

- 麵的粗細厚度會影響烹煮的時間，手工麵大致上煮到麵條浮起來就差不多好了。

- 義大利油醋完美比例，為橄欖油 3：巴沙米可醋 1，醬汁冰過後風味更佳。

辣味巴沙米可醋義大利麵

[材料]　　2 ~ 3 人份

- 義大利波浪麵　130 公克
  （建議使用麵型）
- 杏仁片（烤過）　10 公克
- 培根（約 3 公分片狀）　80 公克
- 九層塔葉（切粗絲）　10 片
- 櫻桃小蕃茄（切圓片）　3 顆
- 帕瑪森乳酪絲　10 公克
- 巴沙米可醋　100cc
- 紫洋蔥（切絲）　100 公克
- 新鮮小辣椒　3 支
- 綠捲生菜　30 公克
- 香菇　3 朵
- 一般橄欖油　少許
- 特級橄欖油　適量
- 鹽　適量
- 黑胡椒粉　適量

[作法]

1. 香菇洗淨擦乾，用鹽和黑胡椒粉調味，將一般橄欖油倒入鍋內加熱，乾煎至熟取出備用，再將培根片放入鍋內炒得酥脆後，關火，把多餘的油倒掉，放在吸油紙上靜置備用。

2. **製作巴沙米可醋淋醬**：先事先把鍋內雜質擦掉，再將巴沙米可醋、小辣椒放到的鍋子內，小火煮約 5 分鐘，煮到剩餘約 1/3 量，關火，加入杏仁片，挑除小辣椒，放置冷卻。

3. 義大利波浪麵放入煮沸鹽水中，煮約 3 分鐘至麵軟適中，撈起，淋些許特級橄欖油拌均勻放涼。

4. 綠捲生菜先一片片撥開，冰鎮 10 分鐘，取出脫水、切段。將櫻桃小蕃茄片、紫洋蔥絲、九層塔絲、綠捲生菜段，放入乾淨容器，淋上特級橄欖油，用鹽和黑胡椒粉調味，攪拌均勻。

5 盛盤，將波浪麵舖底，將作法 4 調味過的蔬菜及香菇放置義大利麵上，灑上酥脆培根片，淋上特級橄欖油與巴沙米可醬汁。

6 最後撒上帕瑪森乳酪絲，食用前攪拌均勻，即可享受美食。

[小叮嚀]

✢ 麵的粗細厚度會影響烹煮的時間，手工麵大致上煮到麵條浮起來就差不多好了。

✢ 若不喜愛洋蔥的辛辣味，可將洋蔥切好時泡置於冰水 5 分鐘，可去除辛辣味。

✢ 巴沙米可醋在煮的時候要注意火侯，以免焦化影響口感及香氣。

香芹洋芋 蟹肉義大利麵

[材料]　2 ～ 3 人份

- ⁑ 義大利花紋管麵 蛋捲麵 120 公克（建議使用麵型）
- ⁑ 大蒜（去皮切碎）1 瓣
- ⁑ 西洋芹 1 根
- ⁑ 馬鈴薯（去皮切條）半顆
- ⁑ 酸黃瓜 1 條
- ⁑ 小蕃茄 5 顆
- ⁑ 薄荷葉 10 公克
- ⁑ 新鮮百里香葉 1 公克
- ⁑ 蟹管肉 200 公克
- ⁑ 檸檬 1 顆
- ⁑ 白酒醋 50cc
- ⁑ 特級橄欖油 200cc
- ⁑ 鹽 適量
- ⁑ 黑胡椒粉 適量

[作法]

1　馬鈴薯條，放入鍋內蒸熟，待涼後備用。

2　西洋芹洗淨、去除粗纖維、切片。小蕃茄、酸黃瓜切圓片。薄荷葉切粗絲。檸檬取皮切絲，切 2 圓片備用，其餘檸檬壓汁。

3　**燙蟹肉香料水**：另取一個鍋子，加入西洋芹粗纖維、鹽適量、白酒醋 30cc、水約 1000cc、檸檬 2 片，煮沸約 3 分鐘。將蟹管肉放入燙熟（約 2 分鐘），依蟹肉大小做時間調整，取出，拌少許特級橄欖油放涼。

4　義大利花紋管麵，放入煮沸鹽水中，煮約 2 分鐘至麵軟適中，撈起，淋些許特級橄欖油拌均勻放涼。

5　**製作醬汁**：將檸檬汁、白酒醋、百里香葉、蒜頭碎混合拌勻，特級橄欖油慢慢加入，攪拌成乳化狀，以鹽、黑胡椒粉調味備用。

6 取一個容器，放入馬鈴薯條、西洋芹片、小蕃茄片、酸黃瓜片、薄荷葉絲、檸檬皮絲、義大利花紋管麵、蟹管肉，淋上醬汁攪拌勻。

7 盛盤，即可享受美食。

[小叮嚀]

✤ 麵的粗細厚度會影響烹煮的時間，手工麵大致上煮到麵條浮起來就差不多好了。

✤ 馬鈴薯注意不要蒸煮過久，以免口感不佳，而且容易糊化碎掉。

Chapter

拿波里紅醬類
義大利麵食譜

阿瑪菲鯷魚鮮蝦義大利麵

2 ～ 3 人份

- 義大利琴弦麵 140 公克
  （建議使用麵型）
- 拿波里紅醬 180 公克（請參考 68 頁）
- 油漬鯷魚 10 條
- 洋蔥（去皮切碎） 100 公克
- 新鮮辣椒（切碎） 1 支
- 草蝦 6 尾
- 黑橄欖 5 顆
- 櫻桃小蕃茄（切半） 5 顆
- 大蒜（去皮切碎） 4 瓣
- 九層塔（切粗碎） 10 公克
- 白酒 80cc
- 魚高湯 適量
- 黑胡椒粉 適量
- 特級橄欖油 適量

作法

1. 草蝦去殼、割背、去除沙筋、洗淨。倒掉油漬鯷魚多餘的油水。

2. 特級橄欖油倒入鍋內，放入大蒜碎、洋蔥碎、辣椒碎、油漬鯷魚，小火拌炒 1 分鐘。

3. 放入草蝦拌炒至半熟拿起備用，注入白酒煸炒揮發酒氣，倒入拿波里紅醬、黑橄欖、小蕃茄片、魚高湯，用鹽和黑胡椒粉調味，小火煮 1 分鐘，關火備用。

4. 義大利琴弦麵放入煮沸鹽水中，煮約 3 分鐘至麵軟適中，撈起。

5. 將作法 3 的醬汁重新開火，放入蝦子加熱，把煮好義大利琴弦麵倒入，加入九層塔碎，小火拌炒收汁。

6. 盛盤，淋上特級橄欖油，即可享受美食。

小叮嚀

✧ 麵的粗細厚度會影響烹煮的時間，手工麵大致上煮到麵條浮起來就差不多好了。

✧ 鯷魚本身有鹹度，這道義大利麵不加鹽調味，但可依個人口味增減鹹度。

✧ 油漬鯷魚烹煮時，記得壓碎，讓香味釋放出來，若沒壓碎，吃到顆粒會太鹹。

坎帕尼亞鮮蝦義大利麵

[材料]　2 ~ 3 人份

✧ 義大利寬扁麵　140 公克
　（建議使用麵型）

✧ 拿波里紅醬　150 公克（請參考 68 頁）

✧ 草蝦　5 尾

✧ 油漬鯷魚（小）　5 條

✧ 大蒜（去皮切碎）　2 瓣

✧ 新鮮小辣椒　2 支

✧ 洋蔥（去皮切碎）　100 公克

✧ 黑橄欖　4 顆

✧ 九層塔葉（切粗絲）　10 片

✧ 白酒　80cc

✧ 特級橄欖油　適量

✧ 魚高湯　適量

✧ 鹽　適量

✧ 白胡椒粉　適量

[作法]

1　草蝦去頭剝殼，背部劃一刀取出沙筋，洗淨備用，蝦殼蝦頭留著，洗淨。

2　小辣椒拍扁 (若喜歡吃辣，可多加些辣椒)。

3　特級橄欖油倒入鍋內，將蝦殼蝦頭放入鍋內爆香，用器具把蝦頭搗開，香氣才夠。

4　接著放入剝好的草蝦仁，用鹽、白胡椒粉調味，兩面煎上色，取出備用。

5　加入蒜頭碎、洋蔥碎煸炒至香味釋出，放入小辣椒和鯷魚炒均勻，加入白酒嗆味收汁。

6　再倒入拿波里紅醬、魚高湯（約200cc）、黑橄欖，用鹽、白胡椒粉調味，小火煮約 2 分鐘。將蝦頭與蝦殼拿掉，再放入煎過的草蝦仁一同熬煮。

7 義大利寬扁麵放入煮沸鹽水中，煮約 4 分鐘至麵軟適中，撈起。

9 盛盤，最後在淋上少許特級橄欖油，即可享受美食。

8 將義大利麵倒入拿波里紅醬中，加入九層塔絲，翻動攪拌均勻，約 30 秒即可。

小叮嚀

- ✦ 麵的粗細厚度會影響烹煮的時間，手工麵大致上煮到麵條浮起來就差不多好了。

- ✦ 小辣椒不切，是為了不讓辣度過重，所以用拍扁的手法製作，喜愛辣度可切碎加入。

- ✦ 為了讓草蝦仁口感不過老，會將煎好的草蝦仁事先取出，後面才加入。

- ✦ 最後淋上特級橄欖油，讓這道義大利麵更有層次與香味。

拿波里漁夫海洋義大利麵

[材料]　2～3 人份

- 義大利扁麵　140 公克
  （建議使用麵型）

- 拿波里紅醬　160 公克（請參考 68 頁）

- 草蝦　4 尾

- 花枝　70 公克

- 蛤蜊　8 顆

- 淡菜　2 顆

- 大蒜（去皮切碎）　2 瓣

- 洋蔥（去皮切碎）　80 公克

- 九層塔　10 公克

- 白酒　120cc

- 特級橄欖油　適量

- 魚高湯　適量

- 鹽　適量

- 白胡椒粉　適量

[作法]

1. 事先處理海鮮，草蝦背部劃一刀清除沙筋，花枝切條狀（片狀、圈狀）均可，蛤蜊事先泡鹽水吐沙。

2. 特級橄欖油倒入鍋內，把蝦仁、花枝煎焦香，取出，放入蒜頭碎、洋蔥碎煸炒至香味釋出。加入蛤蜊和淡菜，注入白酒嗆味收汁，倒入魚高湯（約120cc），蓋上鍋蓋燜煮，搖動鍋子翻動，挑去不開口的蛤蜊和淡菜。

3. 再倒入拿波里紅醬、其餘海鮮料，用鹽、白胡椒粉調味，小火煮約 1 分鐘，關火。

4. 義大利扁麵放入煮沸鹽水中，煮約 2 分鐘至麵軟至適中，撈起，倒入醬汁中，加入九層塔，翻動攪拌均勻，約 20 秒即可。

5. 盛盤，最後在淋上少許特級橄欖油，即可享受美食。

[小叮嚀]

✧ 麵的粗細厚度會影響烹煮的時間,手工麵大致上煮到麵條浮起來就差不多好了。

✧ 為了讓海鮮口感不過老,將海鮮事先取出,後面才加入。

✧ 最後淋上特級橄欖油,讓這道義大利麵更有層次與香味。

憤怒辣醬鮪魚義大利麵

[材料]　2 ~ 3 人份

✧ 義大利波浪麵 130 公克
　（建議使用麵型）

✧ 拿波里紅醬　150 公克（請參考 68 頁）

✧ 油漬鮪魚罐頭　50 公克

✧ 新鮮辣椒（去籽切碎）1 支

✧ 乾辣椒　6 支

✧ 大蒜（去皮切碎）2 瓣

✧ 洋蔥（去皮切碎）1/4 顆

✧ 香菇（切厚片）3 朵

✧ 櫻桃小蕃茄（切半）5 顆

✧ 九層塔（切粗絲）10 公克

✧ 白酒　80cc

✧ 魚高湯　適量

✧ 鹽　適量

✧ 黑胡椒粉　適量

✧ 特級橄欖油　適量

[作法]

1 把油漬鮪魚罐頭的油水略為擠乾備用。

2 **製作憤怒辣醬**：特級橄欖油倒入鍋內，將香菇片炒至金黃色，再加入大蒜碎、洋蔥碎、新鮮辣椒碎小火炒香軟，注入白酒焗炒揮發酒氣，再加入乾辣椒、拿波里紅醬、魚高湯、櫻桃小蕃茄片，用鹽和黑胡椒粉調味，小火熬煮 10 分鐘。將乾辣椒挑除。

3 義大利波浪麵放入煮沸鹽水中，煮約 3 分鐘至麵軟適中，撈起。

4 將義大利波浪麵倒入憤怒辣醬中，加入九層塔絲，翻動攪拌均勻，約 30 秒即可。

5 盛盤，最後放上油漬鮪魚，即可享受美食。

〔 小叮嚀 〕

❖ 麵的粗細厚度會影響烹煮的時間，手工麵大
致上煮到麵條浮起來就差不多好了。

❖ 熬煮憤怒辣醬記得用小火烹煮，以免燒焦，
影響香味及口感。

波隆納肉丸野蕈義大利麵

［材料］ 2～3 人份

- 義大利琴弦麵 140 公克（建議使用麵型）
- 拿波里紅醬 150 公克（請參考 68 頁）
- 雞高湯 適量
- 波隆那肉丸 6 顆
- 香菇（切厚片）3 朵
- 蘑菇（切厚片）3 朵
- 鹽 適量
- 黑胡椒粉 適量
- 特級橄欖油 適量
- 帕馬森乳酪絲 20 公克

［波隆那肉丸］ 1 顆約 30 公克

- 白吐司去邊 2 片
- 洋蔥（去皮切碎）150 公克
- 豬絞肉 150 公克
- 牛絞肉 150 公克
- 荳蔻粉 2 公克
- 乾燥俄力岡 1 公克
- 帕馬森乳酪粉 10 公克
- 小茴香粉 1 公克
- 新鮮荷蘭芹（切碎）10 公克
- 新鮮雞蛋 1 顆
- 大蒜（去皮切碎）1 瓣
- 鹽 適量
- 黑胡椒粉 適量
- 中筋麵粉 20 公克
- 特級橄欖油 50cc

［ 作法 ］

1　**波隆那肉丸做法**：吐司以食物調理機打成小碎塊狀。取一個大碗，放入豬絞肉、吐司碎、帕馬森乳酪絲、洋蔥碎、荷蘭芹碎、新鮮雞蛋、大蒜碎、小茴香粉、乾燥俄力岡、荳蔻粉、鹽和黑胡椒粉，用手混合均勻，做成肉丸，然後裹上一層麵粉。

2　鍋中放入波隆那肉丸，下鍋煎至金黃，放在吸油紙上備用。再將香菇片、蘑菇片煎至金黃色，瀝去多餘的油。

3　倒入拿波里紅醬、雞高湯，用鹽和黑胡椒粉調味，小火燜煮約 6 分鐘，檢查波隆那肉丸是否已全熟。

4　義大利琴弦麵放入煮沸鹽水中，煮約 3 分鐘至麵軟至適中，撈起。

5　盛盤，舖上煮好的寬扁麵，淋上肉丸和醬汁，撒上帕馬森乳酪絲，即可享受美食。

［ 小叮嚀 ］

✧ 麵的粗細厚度會影響烹煮的時間，手工麵大致上煮到麵條浮起來就差不多好了。

✧ 波隆那肉丸製作完成時，冰過風味較佳。大小盡可能一致，以免煮熟會有口感上差別。

✧ 波隆那肉丸成品，可放置冷凍冰藏。下次烹煮時，提前 1 小時放常溫退冰即可使用。

香辣夏南瓜螃蟹義大利麵

材料 2 ~ 3 人份

材料 2 ~ 3 人份

✤ 義大利寬麵 140 公克
  （建議使用麵型）

✤ 拿波里紅醬 180 公克（請參考 68 頁）

✤ 大蒜（去皮切碎） 2 瓣

✤ 新鮮辣椒（去籽切碎） 1 支

✤ 新鮮巴西里（切粗碎） 20 公克

✤ 黃節瓜（切片） 6 片

✤ 綠節瓜（切片） 6 片

✤ 螃蟹 1 隻

✤ 白酒 100cc

✤ 魚高湯 適量

✤ 鹽 適量

✤ 黑胡椒粉 適量

✤ 特級橄欖油 適量

作法

1. 先將螃蟹足與螯的部分切開，拔除上蓋甲殼，清除肺臟部分，切成約 6 ~ 8 小塊。前螯（夾子）部分用刀背拍打敲開，約切成四段，洗淨備用。

2. 特級橄欖油倒入鍋內，放入蒜碎、新鮮辣椒碎，用小火慢慢煸炒，讓香味及辣味都散發出來。

3. 將做法 1 的螃蟹身軀、螯、足加入做法 2，鍋內拌炒均勻，注入白酒煸炒揮發酒氣。

4. 將魚高湯加進鍋內，小火熬煮至螃蟹鮮味散發出來，再放入拿波里紅醬，用鹽、黑胡椒粉調味攪拌略炒一下。

5. 義大利寬扁麵放入煮沸鹽水中，煮約 3 分鐘至麵軟適中，撈起。

6 將義大利扁麵倒入螃蟹醬汁中，加入黃、綠節瓜片一同拌炒約 20 秒，關火，淋上特級橄欖油迅速拌均勻。

7 盛盤，撒上巴西里碎，即可享受美食。

[**小叮嚀**]

✤ 麵的粗細厚度會影響烹煮的時間，手工麵大致上煮到麵條浮起來就差不多好了。

✤ 熬煮醬汁時記得使用小火烹煮，味道與香味才熬得出來。

✤ 螃蟹肺臟部分若清除不乾淨，煮出來的醬汁會有腥味。

燉洋蔥牛肚醬義大利麵

［ 材料 ］　2 ～ 3 人份

- 義大利寬麵　150 公克
  （建議使用麵型）
- 拿波里紅醬　150 公克（請參考 68 頁）
- 牛肚　200 ～ 300 公克
- 大蒜（去皮切碎）　3 瓣
- 洋蔥（去皮切碎）　2 顆
- 西芹（去皮切碎）　100 公克
- 乾燥俄力岡　2 公克
- 新鮮百里香　6 公克
- 乾燥月桂葉　2 片
- 白酒　300cc
- 雞高湯　適量
- 鹽　適量
- 黑胡椒粉　適量
- 特級橄欖油　適量
- 帕馬森乳酪絲　適量

［ 作法 ］

1. 特級橄欖油倒入鍋內，中火均勻拌炒大蒜碎、洋蔥碎、西芹碎，炒至蔬菜味香軟，約 15 分鐘。

2. 加入已汆燙煮過的切片牛肚，注入白酒焗炒揮發酒氣，收汁，加入拿波里紅醬、雞高湯、乾燥俄力岡、新鮮百里香、乾燥月桂葉，用鹽、黑胡椒粉調味，慢火熬煮 1 小時。

3. 義大利寬扁麵放入煮沸鹽水中，煮約 3 分鐘至麵軟適中，撈起。

4. 將義大利寬麵倒入洋蔥牛肚醬中，翻動攪拌均勻，約 40 秒即可。

5. 盛盤，撒上帕馬森乳酪絲，即可享受美食。

〔 小叮嚀 〕

✤ 麵的粗細厚度會影響烹煮的時間，手工麵大致上煮到麵條浮起來就差不多好了。

✤ 熬煮洋蔥牛肚醬時間約 1.5 小時不等，注意湯汁過乾情形，適時加高湯。

✤ 汆燙牛肚香料水：

材料：牛肚 1 片、洋蔥 100 公克、西芹 50 公克、檸檬 1/2 顆、水 (蓋過牛肚)、鹽 5 公克。

做法：牛肚洗淨，香料水煮 1 小時，浮渣不時撈除，煮好切約長 3 公分、寬 1 公分片狀。

✤ 汆燙牛肚為了去除腥味，如不做這步驟，熬出的醬汁會有腥臭味。

阿爾薩斯羊肉醬義大利麵

[材料]　　2～3 人份

- 義大利扭繩麵（特飛麵） 140 公克
  （建議使用麵型）
- 拿波里紅醬 200 公克（請參考 68 頁）
- 大蒜（去皮切碎） 5 瓣
- 洋蔥（去皮切碎） 250 公克
- 西芹（去皮切碎） 100 公克
- 羊絞肉 200 公克
- 荳蔻粉 4 公克
- 小茴香粉 8 公克
- 新鮮迷迭香葉 6 公克
- 乾燥月桂葉 3 片
- 紅葡萄酒 250cc
- 雞高湯 200cc
- 鹽 適量
- 白胡椒粉 適量
- 特級橄欖油 適量
- 瑞可達起士（Ricotta Cheese） 適量

[作法]

1. 事先將羊絞肉以少許特級橄欖油、荳蔻粉、小茴香粉、鹽、白胡椒粉醃製約 20 分鐘，壓成厚圓扁型。

2. 鍋子中火預熱，倒入少許特級橄欖油，羊肉餅放入鍋內煎至兩面焦香上色，再搗碎，均勻攪拌炒至焦香。

3. 加入大蒜碎、洋蔥碎、西芹碎，炒至蔬菜味香軟，注入紅葡萄酒焗炒揮發酒氣，加入拿波里紅醬、雞高湯，用鹽、白胡椒粉調味，再加入新鮮迷迭香葉、乾燥月桂葉，小火慢煮約 30 分鐘。燉煮好時上面浮油撈除一些。

4. 義大利扭繩麵（特飛麵）放入煮沸鹽水中，煮約 5 分鐘至麵軟適中，撈起。

5. 將義大利扭繩麵（特飛麵）倒入羊肉醬中，翻動攪拌均勻，約 20 秒即可。

6. 盛盤，放上瑞可達起士（Ricotta Cheese）及新鮮迷迭香葉裝飾，即可享受美食。

小叮嚀

✦ 麵的粗細厚度會影響烹煮的時間，手工麵大致上煮到麵條浮起來就差不多好了。

✦ 若購買不到新鮮香草，可改用乾燥香草。

✦ 羊絞肉餅兩面一定要煎焦香，再做拌炒。直接拌炒至焦香比較費時，香味也較差。

威尼斯燉海鮮義大利麵

材料　2～3人份

- 花紋管麵（蛋捲麵） 120公克（建議使用麵型）
- 拿波里紅醬 150公克（請參考68頁）
- 草蝦（切小丁） 8尾
- 花枝（切小丁） 100公克
- 干貝（切小丁） 4顆
- 洋蔥（去皮切碎） 200公克
- 西芹（去皮切碎） 50公克
- 新鮮巴西里（切碎） 適量
- 乾燥月桂葉 2片
- 白酒 150cc
- 魚高湯 適量
- 鹽 適量
- 白胡椒粉 適量
- 特級橄欖油 適量

作法

1. 特級橄欖油倒入鍋內，放入蝦仁丁、花枝丁、干貝丁至水分完全炒乾，使海鮮呈現略帶酥脆感的乾燥狀態。
2. 加入洋蔥碎、西芹碎，乾燥月桂葉，小火炒至香味釋出，注入白酒煸炒揮發酒氣，再加入拿波里紅醬、魚高湯，用鹽和白胡椒粉調味，小火熬煮30分鐘，放入巴西里碎再煮5分鐘，如果湯汁不夠，可加入一些魚高湯。
3. 義大利花紋管麵放入煮沸鹽水中，煮約2分鐘至麵軟適中，撈起。
4. 將義大利花紋管麵（蛋捲麵）麵倒入醬汁中，翻動攪拌均勻，約30秒即可。
5. 盛盤，撒上新鮮巴西里碎，即可享受美食。

小叮嚀

+ 麵的粗細厚度會影響烹煮的時間,手工麵大致上煮到麵條浮起來就差不多好了。

+ 燉海鮮醬的海鮮一定要炒至酥脆,醬汁熬煮出來的味道才會鮮甜。

鄉村風味義大利麵

[材料]　　2 ～ 3 人份

✤ 義大利琴弦麵　150 公克
　（建議使用麵型）

✤ 拿波里紅醬　150 公克（請參考 68 頁）

✤ 熱那亞青醬　50 公克（請參考 69 頁）

✤ 大蒜（去皮切碎）　1 瓣

✤ 松子（烤過）　10 公克

✤ 新鮮鼠尾草　5 公克

✤ 新鮮迷迭香　3 公克

✤ 新鮮俄力岡　2 公克

✤ 特級橄欖油　50cc

✤ 帕瑪森乳酪絲　20 公克

✤ 鹽　適量

✤ 黑胡椒粉　適量

[作法]

1　新鮮鼠尾草、新鮮迷迭香（取葉子即可）、新鮮俄力岡之香草，略切成粗絲狀。

2　特級橄欖油倒入鍋內小火加熱，煸炒大蒜碎（切記勿炒上色），放入新鼠尾草絲、迷迭香絲、俄力岡絲略炒。

3　加入拿波里紅醬，用鹽、黑胡椒粉調味，小火拌煮 5 分鐘，此時香料味已散發出來。

4　接著倒入熱那亞青醬與松子，小火攪拌均勻約 1 分鐘，關火，放置旁邊備用。

5　義大利琴弦麵放入煮沸鹽水中，煮約 3 分鐘至麵軟至適中，撈起。

6　麵煮好撈起後，開小火將醬汁加熱，把麵倒入醬汁中攪拌均勻。

7　盛盤，最後將帕瑪森乳酪絲均勻撒在麵上，即可享受美食。

［ 小叮嚀 ］

✧ 若購買不到新鮮鼠尾草、新鮮迷迭香、新鮮
俄力岡之香草，可改用乾燥香草。乾燥香草
比例為：鼠尾草 1 公克、迷迭香 1 公克、俄
力岡 1 公克，乾燥香料不宜使用過多。

✧ 麵的粗細厚度會影響烹煮的時間，手工麵大
致上煮到麵條浮起來就差不多好了。

Chapter

熱那亞青醬類
義大利麵食譜

野菇雞肉義大利麵

（請參考 69 頁）

[材料]　　2 ～ 3 人份

- 義大利寬麵　140 公克
  （建議使用麵型）
- 熱那亞青醬　90 公克（請參考 69 頁）
- 生雞胸肉　150 公克
- 香菇（切厚片）　4 朵
- 蘑菇（切厚片）　4 朵
- 鴻喜菇　50 公克
- 迷迭香葉　5 公克
- 大蒜（去皮切碎）　1 瓣
- 洋蔥（去皮切碎）　100 公克
- 櫻桃小蕃茄（切圓片）　5 顆
- 白酒　100cc
- 特級橄欖油　適量
- 雞高湯　適量
- 鹽　適量
- 黑胡椒粉　適量
- 帕馬森乳酪絲　20 公克

[作法]

1. 將生雞胸肉表麵筋膜去除，切粗條狀。加少許特級橄欖油、迷迭香葉、蒜碎，用鹽、黑胡椒粉適量調味，醃約 15 分鐘。

2. 特級橄欖油倒入鍋內加熱，小火將雞胸肉煎至兩面呈現金黃色。

3. 再放入香菇片煎上色，再加入蘑菇片、鴻喜菇一同煎炒上色，此時，加入蒜碎、洋蔥碎炒至香味釋出，注入白酒煸炒揮發酒氣，再加入熱那亞青醬、雞高湯、櫻桃小蕃茄片，攪拌均勻，關火。

4. 義大利寬麵放入煮沸鹽水中，煮約 3 分鐘至麵軟適中，撈起。

5. 將義大利麵倒入熱那亞青醬中，翻動攪拌均勻，約 10 秒即可。

6. 盛盤，撒上帕馬森乳酪絲，即可享受美食。

小叮嚀

✢ 麵的粗細厚度會影響烹煮的時間，手工麵大致上煮到麵條浮起來就差不多好了。

✢ 菇類煎上色時，香味才會出得來，會影響整盤義大利麵的香味。

✢ 熱那亞青醬麵要有些許湯汁，但過多時會成為湯麵，而且會影響整體風味及口感。

乳酪義大利麵捲

- 甜菜千層麵皮　150 公克
  （建議使用麵型）
- 熱那亞青醬　100 公克（請參考 69 頁）
- 牛蕃茄（切片）1 顆
- 菠菜葉（汆燙、冰鎮、切碎）150 公克
- 培根（切絲）2 片
- 帕馬森乳酪絲　30 公克
- 瑞可達乳酪（Ricotta Cheese）120 公克
- 特級橄欖油　適量

[作法]

1　甜菜千層麵皮放入煮沸鹽水中，煮約 1 分鐘至麵軟適中，取出，浸泡冰水冷卻，用布將水分擦乾。

2　將培根絲放入鍋內，加少許水，用小火炒香 (不要炒太焦)，把油濾掉，放吸油紙上備用。

3　取一個烤碗，將麵皮攤平，底層均勻鋪滿一層菠菜葉，然後依序放上帕瑪森乳酪絲、牛蕃茄片，塗上一層熱那亞青醬，撒上培根絲，均勻放入瑞可達乳酪（Ricotta Cheese），最後再撒一次帕馬森乳酪絲。

4　把短的那面朝向自己，緊緊向外捲起 (如同包壽司的捲法)，捲成圓筒狀。

5　捲好麵捲上方，撒上帕瑪森乳酪絲，放入預熱 180℃ 烤箱，烤 8 ～ 10 分鐘。

6　盛盤，最後再淋上少許特級橄欖油，即可享受美食。

［ 小叮嚀 ］

✢ 麵皮的厚度會影響烹煮的時間，手工麵皮煮到浮起來就差不多好了。

✢ 培根本身油質豐富，加入少量水，可將油質煮出來，品嚐起來較不油膩。

鮮蝦蘑菇義大利麵

[材料]　2 ～ 3 人份

- 義大利扁麵　140 公克
  （建議使用麵型）
- 熱那亞青醬　90 公克（請參考 69 頁）
- 草蝦　6 尾
- 蘑菇　5 朵
- 大蒜（去皮切碎）　1 瓣
- 洋蔥（去皮切碎）　100 公克
- 白酒　100cc
- 魚高湯　適量
- 杏仁片（烤過）　10 公克
- 鹽　適量
- 白胡椒粉　適量
- 特級橄欖油　適量

[作法]

1. 草蝦去殼背部劃一刀，清除沙筋。蘑菇洗淨擦乾，切厚片（口感較佳）。

2. 特級橄欖油倒入鍋內，放入蘑菇與草蝦兩面煎上色，加入大蒜碎和洋蔥碎，煸炒至香味出來。

3. 注入白酒煸炒揮發酒氣，再加入魚高湯，用鹽、白胡椒粉適量調味。

4. 關火，加入熱那亞青醬。

5. 義大利扁麵放入煮沸鹽水中，煮約 2 分鐘至麵軟適中，撈起。

6. 將義大利扁麵倒入已經調好的醬汁中，快速攪拌。醬汁過乾時，可加適量魚高湯。

7. 盛盤後，撒上松子，即可享受美食。

[小叮嚀]

✦ 麵的粗細厚度會影響烹煮的時間，手工麵大致上煮到麵條浮起來就差不多好了。

✦ 青醬使用時，用快速攪拌方式和麵條拌勻，因為熱度會使青醬變黑。

✦ 松子若購買不到，可使用烤過的杏仁片取代。

煎烤豬里肌義大利麵

[材料]　2～3人份

✦ 義大利扁麵　150 公克
　（建議使用麵型）

✦ 熱那亞青醬　70 公克（請參考 69 頁）

✦ 大蒜（去皮切碎）　3 瓣

✦ 洋蔥（去皮切碎）　50 公克

✦ 豬小里肌（腰內肉）　100 公克

✦ 新鮮百里香　5 公克

✦ 馬鈴薯（去皮切丁）　50 公克

✦ 櫻桃小蕃茄（切圓片）　5 顆

✦ 白酒　100cc

✦ 雞高湯　適量

✦ 鹽　適量

✦ 黑胡椒粉　適量

✦ 特級橄欖油　適量

✦ 帕馬森乳酪絲　20 公克

[作法]

1　**醃製豬里肌**：豬小里肌整塊醃製，取蒜碎一半的量、特級橄欖油、新鮮百里香、鹽、黑胡椒粉調味醃 20 分鐘。

2　將醃好豬小里肌放入鍋內，以小火煎至四面金黃色，注入一半白酒與一半雞高湯，小火收汁，剩餘 1/3 湯汁時，關火，靜置 3 分鐘，連醬汁倒出盤中備用。

3　使用剛才鍋子，將特級橄欖油倒入鍋內，加入蒜頭碎、洋蔥碎煸炒至香味釋出。放入馬鈴薯丁拌炒，注入白酒煸炒揮發酒氣。再加入雞高湯，用鹽、黑胡椒適量調味。待馬鈴薯熟透時，加入熱那亞青醬、櫻桃小蕃茄圓片，攪拌均勻，關火。

4　義大利麵放入煮沸鹽水中，煮約 2 分鐘至麵軟適中，撈起。

5　將義大利扁麵倒入熱那亞青醬中，翻動攪拌均勻，攪拌約 10 秒即可。

6　盛盤，豬里肌切片放在義大利麵周邊，最後再撒上帕馬森乳酪絲，即可享受美食。

小叮嚀

- ✢ 麵的粗細厚度會影響烹煮的時間，手工麵大致上煮到麵條浮起來就差不多好了。

- ✢ 青醬使用時，用快速攪拌方式和麵條拌勻，因為熱度會使青醬變黑。

- ✢ 豬小里肌煎烤過熟時，會導致肉質過硬，所以使用煎鍋剩餘溫度讓肉質慢慢回溫加熱即可。

白酒蛤蜊義大利麵

［ 材料 ］　2 ～ 3 人份

- ✤ 義大利琴弦麵 160 公克
  （建議使用麵型）
- ✤ 熱那亞青醬 70 公克（請參考 69 頁）
- ✤ 蛤蜊 300 公克
- ✤ 大蒜（去皮切碎）1 瓣
- ✤ 洋蔥（去皮切碎）50 公克
- ✤ 白酒 120cc
- ✤ 特級橄欖油 適量
- ✤ 魚高湯 適量
- ✤ 鹽 適量
- ✤ 白胡椒粉 適量
- ✤ 帕瑪森乳酪絲 20 公克

［ 作法 ］

1. 特級橄欖油倒入鍋內小火加熱，爆香大蒜碎、洋蔥碎。

2. 把蛤蜊放入鍋中略炒拌均，注入白酒，讓蛤蜊吸飽白酒的香氣。

3. 再把煮好的蛤蜊撈起，盛入盤中。（蛤蠣一打開就撈起，這樣蛤蜊的肉才不會老）。

4. 義大利琴弦麵放入煮沸鹽水中，煮約 3 分鐘至麵軟適中，撈起。

5. 將煮好的義大利麵放進鍋中炒，可以吸附剛剛煮海鮮的湯汁，如果湯汁不夠，加入一些魚高湯。

6. 關火，加入青醬、蛤蜊，用鹽、白胡椒粉調味，快速攪拌均勻，盛盤，撒上帕瑪森乳酪絲，即可享受美食。

小叮嚀

- 麵的粗細厚度會影響烹煮的時間,手工麵大致上煮到麵條浮起來就差不多好了。

- 青醬使用時,用快速攪拌方式,因為熱度會使青醬變黑。

- 蛤蜊購買回來,洗淨後泡鹽水,吐沙,以免蛤蜊含沙而影響口感。

馬鈴薯乳酪義大利麵

[材料]　2 ～ 3 人份

- 義大利蝶型麵 120 公克
  （建議使用麵型）
- 熱那亞青醬 70 公克（請參考 69 頁）
- 馬鈴薯（去皮切塊） 1/2 顆
- 大蒜（去皮切碎） 2 瓣
- 新鮮百里香 2 公克
- 櫻桃小蕃茄（切圓片） 5 顆
- 牛奶 125cc
- 新鮮雞蛋 1 顆
- 特級橄欖油 適量
- 鹽 適量
- 黑胡椒粉 適量
- 帕馬森起士絲 60 公克
- 綜合生菜 30 公克

[作法]

1　義大利蝶型麵放入煮沸鹽水中，煮約 3 分鐘至麵軟適中，撈起，淋些許特級橄欖油拌均勻備用。

2　**醬汁**：牛奶、新鮮雞蛋、帕馬森乳酪絲、熱那亞青醬，加在一起攪拌均勻。

3　特級橄欖油倒入鍋內小火加熱，放入切好的馬鈴薯塊，均勻拌炒至金黃色，再加入蒜碎、櫻桃小蕃茄圓片、新鮮百里香，用鹽、黑胡椒粉適量調味，關火。

4　將煮好的義大利蝶型麵加入做法 3 的鍋內拌勻，此時淋上做法 2 的醬汁，小火攪拌至蛋液凝固。

5　放入烤箱 180℃，烤 5 分鐘。

6　盛盤，放上綜合生菜，淋少許特級橄欖油，即可享受美食。

[小叮嚀]

⚜ 麵的粗細厚度會影響烹煮的時間，手工麵煮
　到麵條浮起來就差不多好了。

⚜ 平底鍋把手，若是塑膠柄材質，不可放入烤
　箱，以免融化。

⚜ 醬汁加入拌炒時，注意用小火略微攪拌，讓
　蛋液均勻慢慢熟化。

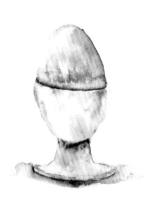

松子莢碗豆義大利麵

[材料]　　2 ～ 3 人份

✦ 義大利雞肉起士圓型麵餃　8 顆
　（建議使用麵型）

✦ 熱那亞青醬　70 公克（請參考 69 頁）

✦ 洋蔥（去皮切碎）　50 公克

✦ 莢碗豆　80 公克

✦ 櫻桃小蕃茄（切圓片）　3 顆

✦ 鮮奶油　50cc

✦ 松子（烤過）　20 公克

✦ 白酒　100cc

✦ 特級橄欖油　適量

✦ 雞高湯　適量

✦ 鹽　適量

✦ 白胡椒粉　適量

✦ 帕馬森乳酪絲　20 公克

[作法]

1　莢碗豆去除頭尾粗絲，斜切。

2　特級橄欖油倒入鍋內加熱，放入洋蔥碎、莢碗豆，小火煸炒，再注入白酒煸炒揮發酒氣。

3　倒入鮮奶油、雞高湯、櫻桃小蕃茄片，用鹽、白胡椒粉適量調味，小火煮滾，加入熱那亞青醬攪拌均勻，關火。

4　義大利雞肉起士餃，放入煮沸鹽水中，煮約 4 分鐘至麵軟適中，撈起。

5　醬汁開火加熱至滾，將義大利雞肉起士圓型麵餃倒入醬汁中，小火微煮，約 10 秒即可。

6　盛盤，撒上帕馬森乳酪絲、松子，即可享受美食。

小叮嚀

+ 義大利餃的厚度會影響烹煮的時間，大致上煮到麵餃浮起來就差不多好了。

+ 烹煮義大利餃，不需要一直攪拌，以免麵皮破損，餡料流出來。

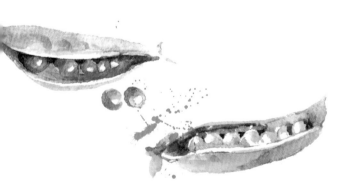

鮮魚夏南瓜義大利麵

［ 材料 ］　2 ～ 3 人份

- 義大利寬扁麵 120 公克
  （建議使用麵型）
- 熱那亞青醬 80 公克（請參考 69 頁）
- 金目鱸魚（切片） 120 公克
- 黃節瓜（切片） 20 公克
- 綠節瓜（切片） 20 公克
- 大蒜（去皮切碎） 2 瓣
- 櫻桃小蕃茄（切片） 3 顆
- 新鮮百里香 2 公克
- 白酒 120cc
- 特級橄欖油 適量
- 魚高湯 適量
- 鹽 適量
- 白胡椒粉 適量

［ 作法 ］

1. 將鱸魚切成一口大小厚片，用鹽、白胡椒粉適量調味。特級橄欖油倒入鍋內加熱，將鱸魚片兩面煎至金黃色。

2. 再加入大蒜碎、新鮮百里香煸香，放入黃、綠節瓜片，櫻桃小蕃茄片，此時，注入白酒收汁揮發酒氣。

3. 將鱸魚事先取出，加入魚高湯、熱那亞青醬，攪拌均勻，關火。

4. 義大利寬扁麵放入煮沸鹽水中，煮約 4 分鐘至麵軟適中，撈起。

5. 將義大利寬扁麵倒入醬汁中，翻動攪拌均勻，約 10 秒即可，此時放入鱸魚片一同收汁烹煮。

6. 盛盤，淋上特級橄欖油，即可享受美食。

[小叮嚀]

✦ 麵的粗細厚度會影響烹煮的時間，手工麵煮到麵條浮起來就差不多好了。

✦ 鱸魚經過長時間的烹煮會導致魚肉碎散，也可用石斑魚肉替代，口感及鮮度較佳。

漁夫海鮮義大利餃

[材料]　　2 ～ 3 人份

✧ 鮮蝦菠菜方型麵餃 10 顆
　（建議使用麵型）

✧ 熱那亞青醬 70 公克（請參考 69 頁）

✧ 草蝦（切丁） 6 尾

✧ 花枝（切丁） 60 公克

✧ 蟹肉（切丁） 60 公克

✧ 干貝（切丁） 40 公克

✧ 大蒜（帶皮壓開） 2 瓣

✧ 乾燥月桂葉 2 片

✧ 白酒 100cc

✧ 特級橄欖油 適量

✧ 魚高湯 適量

✧ 鹽 適量

✧ 白胡椒粉 適量

[作法]

1　特級橄欖油倒入鍋內，慢小火將整粒蒜頭爆香至金黃色，再將蒜頭挑除。依序加入草蝦丁、花枝丁、干貝丁、蟹肉丁、乾燥月桂葉，將水分炒乾。注入白酒焗炒揮發酒氣，再加入些許魚高湯，用鹽、白胡椒粉適量調味，關火。

2　鮮蝦菠菜方型麵餃放入煮沸鹽水中，煮約 3 分鐘至麵軟適中，撈起。

3　開火，將煮好的義大利麵餃放進鍋中小火慢煮，可以吸附剛剛煮海鮮的湯汁，如果湯汁不夠，加入一些魚高湯。

4　關火，加入熱那亞青醬，翻動攪拌均勻。

5　盛盤，最後在淋上少許特級橄欖油，即可享受美食。

小叮嚀

✤ 烹煮義大利餃，不需要一直攪拌，以免麵皮破損，餡料流出來。

✤ 義大利餃的厚度會影響烹煮的時間，大致上煮到麵餃浮起來就差不多好了。

✤ 如果義大利麵餃是從冷凍庫直接拿出烹煮，煮的時間會比較長一些。

燻鴨肉義大利麵

材料　2 ～ 3 人份

- 義大利花紋管麵（蛋捲麵）120 公克（建議使用麵型）
- 熱那亞青醬　100 公克（請參考 69 頁）
- 拿波里紅醬　50 公克（請參考 68 頁）
- 燻鴨胸肉（切丁）50 公克
- 燻鴨胸肉（切片）100 公克
- 油漬鯷魚（小）2 條
- 大蒜（去皮切碎）1 瓣
- 洋蔥（去皮切絲）50 公克
- 紅椒（切絲）20 公克
- 黃椒（切絲）20 公克
- 白酒　100cc
- 雞高湯　適量
- 特級橄欖油　適量
- 帕馬森乳酪絲　10 公克

作法

1. 特級橄欖油倒入鍋內小火加熱，依序爆香油漬鯷魚、大蒜碎、洋蔥絲，再加入燻鴨胸丁炒至香氣出來。

2. 注入白酒煸炒揮發酒氣，加入拿波里紅醬、雞高湯、紅黃椒絲，小火熬煮 2 分鐘。

3. 義大利花紋管麵放入煮沸鹽水中，煮約 2 分鐘至麵軟適中，撈起。

4. 將義大利花紋管麵（蛋捲麵）倒入醬汁中，加入熱那亞青醬，翻動攪拌均勻。

5. 盛盤放上切片鴨胸肉，最後撒上帕馬森乳酪絲，即可享受美食。

〔 小叮嚀 〕

✣ 麵的粗細厚度會影響烹煮的時間，手工麵煮
　到麵條浮起來就差不多好了。

✣ 鯷魚本身有鹹度，這道義大利麵不加鹽調味，
　但可依個人口味增減鹹度。

✣ 燻鴨胸肉烹煮過久會產生太鹹及過硬情形。

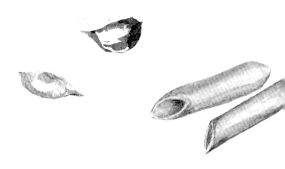

Chapter

10

奶油白醬類
義大利麵食譜

松露奶油乳酪義大利麵

[材料]　　2 ～ 3 人份

✦ 牛肉蘆筍義大利餃　8 顆
　（建議使用麵型）

✦ 奶油白醬　100 公克（請參考 70 頁）

✦ 黑松露醬　30 公克

✦ 洋蔥（去皮切碎）　50 公克

✦ 馬鈴薯（去皮切塊）　半顆

✦ 青豆仁　20 公克

✦ 香菇（切厚片）　4 朵

✦ 無鹽奶油　30 公克

✦ 鮮奶油　50cc

✦ 白酒　50cc

✦ 雞高湯　適量

✦ 鹽　適量

✦ 帕瑪森乳酪絲　10 公克

✦ 瑞可達乳酪（Ricotta Cheese）　20 公克

[作法]

1　將切塊馬鈴薯放讓沸水中以小火煮 3 分鐘。取另一鍋小火加熱，放入奶油、香菇片及煮好的馬鈴薯塊，拌炒至金黃色。

2　放入洋蔥碎小火炒至透明，再注入白酒煸炒揮發酒氣，加入青豆仁略炒，後加雞高湯、奶油白醬、鮮奶油，加鹽適量調味，小火煮 1 分鐘。

3　牛肉蘆筍義大利餃放入煮沸鹽水中，煮約 2 分鐘至麵軟適中。

4　把做法 2 的醬汁開火加熱至滾，將義大利餃倒入醬汁中，小火微煮約 30 秒，此時加入黑松露醬、帕瑪森乳酪絲攪拌均勻，若湯汁不足時，可加些高湯進去。

5　盛盤，放上瑞可達乳酪（Ricotta Cheese）即可享受美食。

[小叮嚀]

✤ 烹煮義大利餃不需要一直攪拌，以免麵皮破
  損，餡料流出來。

✤ 義大利餃的厚度會影響烹煮的時間，大致上，
  煮到麵餃浮起來就差不多好了。

✤ 黑松露醬不適合煮過久，味道及香氣會消失，
  建議起鍋前加入拌均勻即可。

蝦仁蕈菇乳酪義大利麵

[材料]　　2～3 人份

+ 義大利寬扁麵　120 公克
　（建議使用麵型）

+ 奶油白醬　100 公克（請參考 70 頁）

+ 熱那亞青醬　30 公克（請參考 69 頁）

+ 草蝦　6 尾

+ 香菇（切厚片）　2 朵

+ 蘑菇（切厚片）　4 朵

+ 鴻喜菇　50 公克

+ 洋蔥（去皮切碎）　80 公克

+ 白酒　100cc

+ 無鹽奶油　適量

+ 雞高湯　適量

+ 鹽　適量

+ 黑胡椒粉　適量

+ 帕馬森乳酪絲　20 公克

+ 巴西里葉　適量

+ 一般橄欖油　適量

[作法]

1　草蝦去殼、割背後，再去除沙筋洗淨。

2　一般橄欖油倒入鍋內加熱，將香菇煎炒上色，再加蘑菇片、鴻喜菇、草蝦一同煎炒上色，此時，加入洋蔥碎炒至香味釋出，注入白酒煸炒揮發酒氣，再加入奶油白醬、雞高湯，用鹽和黑胡椒粉適量調味，小火煮 1 分鐘，關火。

3　義大利寬扁麵放入煮沸鹽水中，煮約 4 分鐘至麵軟適中。

4　開火，把醬汁煮滾，將義大利寬扁麵倒入醬汁中，加入熱那亞青醬，翻動攪拌均勻，約 10 秒即可。

5　盛盤，撒上帕馬森乳酪絲，用巴西里葉作裝飾，即可享受美食。

[小叮嚀]

✧ 麵的粗細厚度會影響烹煮的時間，手工麵煮
　到麵條浮起來就差不多好了。

✧ 菇類煎炒上色，香味才會出得來，否則會影
　響整盤義大利麵的香味。

乳酪漁夫海鮮義大利麵

［ 材料 ］　2 ～ 3 人份

- 義大利波浪麵　120 公克
  （建議使用麵型）
- 奶油白醬　120 公克（請參考 70 頁）
- 草蝦　2 尾
- 淡菜　1 顆
- 花枝　80 公克
- 干貝　3 顆
- 大蒜（去皮切碎）　1 瓣
- 洋蔥（去皮切碎）　100 公克
- 鮮奶油　50cc
- 無鹽奶油　80 公克
- 白酒　100cc
- 魚高湯　適量
- 鹽　適量
- 白胡椒粉　適量
- 馬自拉乳酪（或 PIZZA 乳酪絲）30 公克
- 巴西里碎　10 公克

［ 作法 ］

1　事先處理海鮮，草蝦背部劃一刀清除沙筋，花枝切條狀 (片狀、圈狀) 均可，干貝切半即可。

2　無鹽奶油放入冷鍋內，以小火將蝦仁、花枝、干貝、淡菜煎至金黃色，取出。一同放入蒜頭碎、洋蔥碎煸炒至香味釋出，注入白酒略炒揮發酒氣，加入魚高湯、奶油白醬、鮮奶油，用鹽、白胡椒粉調味，小火煮 2 分鐘，放入煎好的海鮮料，關火。

3　義大利波浪麵放入煮沸鹽水中，煮約 3 分鐘至麵軟適中，撈起。

4　開火，將義大利波浪麵倒入醬汁中，加入乳酪絲，快速攪拌均勻。

5　盛盤，最後撒上巴西里碎，即可享受美食。

✦ 鍋具烹煮白醬,記得使用小火料理,避免奶油焦化,影響口感及顏色。

2. 麵的粗細厚度會影響烹煮的時間,手工麵煮到麵條浮起來就差不多好了。

3. 醬汁過於濃稠時,適量加些魚高湯。太濃稠時,義大利麵會黏成一團。

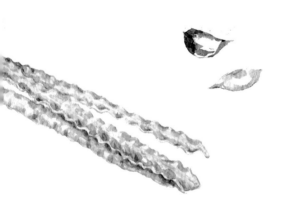

奶油芥末蕈菇嫩雞義大利麵

材料　2～3人份

- 義大利寬麵　130公克
  （建議使用麵型）
- 奶油白醬　150公克（請參考70頁）
- 洋蔥（去皮切碎）　100公克
- 芥末籽　30公克
- 蘑菇（切片）　5朵
- 雞胸肉　1片（約250公克）
- 新鮮百里香葉　適量
- 無鹽奶油　80公克
- 白酒　80cc
- 雞高湯　適量
- 鹽　適量
- 白胡椒粉　適量
- 帕馬森乳酪絲　20公克
- 巴西里碎　少許
- 新鮮雞蛋　1顆
- 中筋麵粉　適量
- 粗麵包粉　適量
- 一般橄欖油　適量

作法

1. 將生雞胸肉表麵筋膜去除，切成粗條狀，再雞柳條上隨意戳6～7個小洞，泡入鹽水中1小時靜置，取出，將雞胸肉水分用布擦乾，用鹽、白胡椒粉適量調味，接下來用三溫暖方式，依序沾麵粉、蛋液、新鮮百里香葉、粗麵包粉，冷藏備用。

2. 無鹽奶油放入冷鍋內加熱，蘑菇片放入拌炒，再放炒洋蔥碎至透明狀，注入白酒略炒揮發酒氣，加入雞高湯，奶油白醬、芥末籽、新鮮百里香葉，用鹽、白胡椒粉調味，小火煮1分鐘，關火。

3. 義大利寬麵，放入煮沸鹽水中，煮約3分鐘至麵軟適中。

4. 起一鍋油鍋，放入一般橄欖油，加熱溫度約170℃，放入做法1雞柳條，油炸至金黃色，中心點檢查一下是否已全熟。

5. 開火，醬汁煮滾，將義大利麵倒入醬汁中，翻動攪拌均勻，約10秒即可。

6. 盛盤，放上炸好雞柳條，最後撒上帕馬森乳酪絲、巴西里碎，即可享受美食。

[小叮嚀]

✥ 麵的粗細厚度會影響烹煮的時間，
手工麵煮到麵條浮起來就差不多好
了。

✥ 炸雞柳條時溫度不可高於 170℃，
以免外表上色、內部沒熟的情形發
生。

✥ 三溫暖步驟：分別順序為麵粉→
蛋汁→ 麵包粉。

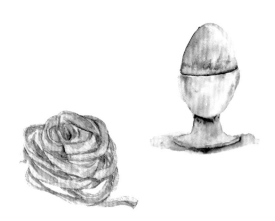

蔬菜乳酪菠菜焗烤義大利麵

[材料]　2～3 人份

✤ 義大利千層麵 6～8 片
　（建議使用麵型）

✤ 奶油白醬 200 公克（請參考 70 頁）

✤ 拿波里紅醬 150 公克（請參考 68 頁）

✤ PIZZA 乳酪絲 適量

✤ 牛蕃茄（切薄片）1 顆

✤ 巴西里碎 少許

✤ 帕瑪森乳酪絲 20 公克

[作法]

1 煮千層麵皮。依麵皮的不同，放入煮沸鹽水中，煮約 1 分鐘至麵心有點硬即可，因為還要進烤箱烤。

2 **製作餡料：**以橄欖油炒洋蔥碎和大蒜碎至金黃色，加入菠菜碎炒 1 分鐘，起鍋濾掉汁液，以免放入麵皮捲起時過於溼爛。再加入瑞可塔乳酪、奶油白醬、新鮮雞蛋，用鹽、黑胡椒粉適量調味，混合拌勻。

3 烤箱預熱 200℃，取一深烤盤，底部與周邊塗上一點橄欖油（或奶油）。取一片千層麵皮鋪底，再鋪上餡料以及蕃茄片，撒上 PIZZA 乳酪絲，再鋪上一層千層麵皮，依序重複動作，約烤盤七分滿，塗上拿波里紅醬，最後撒上 PIZZA 乳酪絲，進烤箱烤 25～30 分鐘至表面呈金黃有泡泡冒出，關火 10 分鐘後再取出。

4 切割 1 人份大小，盛盤，撒上巴西里碎，即可享受美食。

小叮嚀

- 麵皮的厚度會影響烹煮的時間，麵皮煮到浮起來就差不多好了。

- 內餡材料若放太多太厚，麵皮層次口感會不佳，麵皮層基本上有 3 片，可依容器高度大小增加。

- 烤盤出爐時溫度很高，注意避免接觸燙傷。

卡波那拉培根蛋黃義大利麵

[材料]　　2 ～ 3 人份

- 義大利扁麵 130 公克
  （建議使用麵型）
- 奶油白醬　100 公克（請參考 70 頁）
- 培根片（切寬片）2 片
- 洋蔥（去皮切碎）50 公克
- 新鮮雞蛋黃　1 顆
- 無鹽奶油　30 公克
- 鮮奶油　50cc
- 白酒　50cc
- 雞高湯　適量
- 特級橄欖油　適量
- 鹽　適量
- 黑胡椒粉　適量
- 帕瑪森乳酪絲　30 公克
- 巴西里葉　適量

[作法]

1. 取一鍋具，鍋內加少許橄欖油加熱，小火煎培根片，中火煎至褐脆後起鍋，將培根片取出放置旁邊容器備用。

2. 另取鍋子，加入奶油，放入洋蔥碎，注入白酒略炒揮發酒氣，加入雞高湯、奶油白醬、鮮奶油、培根片、少許鹽，小火煮 1 分鐘成醬料。

3. 義大利扁麵放入煮沸鹽水中，煮約 2 分鐘至麵軟適中。

4. 將義大利麵倒入醬汁中，撒上一半的帕瑪森乳酪絲，關火，快速翻動攪拌均勻，約 10 秒即可。

5. 盛盤，放上新鮮蛋黃，再撒上另一半的帕瑪森乳酪絲和黑胡椒粉調味，用巴西里葉作裝飾。

小叮嚀

✧ 麵的粗細厚度會影響烹煮的時間，手工麵煮
到麵條浮起來就差不多好了。

✧ 如果新鮮蛋黃加入醬汁中攪拌時，記得關火，
離開火源快速攪拌，否則溫度太高，蛋黃會
結成顆粒。

✧ 培根本身油質豐富，加入少量水，可將油質
煮出來，品嚐起來較不油膩。

✧ 若不敢吃生蛋黃，則在作法 4 加入。

蘆筍奶油乳酪義大利麵

[材料]　2 ～ 3 人份

- 義大利寬麵　130 公克
  （建議使用麵型）
- 奶油白醬　120 公克（請參考 70 頁）
- 蘆筍　100 公克
- 大蒜（去皮切碎）1 瓣
- 洋蔥（去皮切碎）30 公克
- 杏仁片（烤過）20 公克
- 白酒　100cc
- 無鹽奶油　10 公克
- 雞高湯　適量
- 一般橄欖油　適量
- 鹽　適量
- 黑胡椒粉　適量
- 帕瑪森乳酪絲　20 公克

[作法]

1. 事先將蘆筍底部較粗纖維削除，再分切為二等份（蘆筍尖約長 7 公分與中尾段）。

2. 一般橄欖油倒入鍋內加熱，將蒜碎、洋蔥碎、蘆筍中尾段（切約 3 公分小段）放入鍋內炒香，接著放一半的杏仁片，注入白酒略炒揮發酒氣，加入雞高湯、奶油白醬，加鹽調味，小火煮 1 分鐘，倒入果汁機中打成泥狀，倒入鍋中備用。

3. 義大利扁麵放入煮沸鹽水中，煮約 3 分鐘至麵軟適中，剩 20 秒左右時，將蘆筍尖一同丟煮麵水中汆燙。

4. 開火，將醬汁加熱，把義大利扁麵與蘆筍尖一同倒入已經調好的醬汁中，加入 10 公克帕瑪森乳酪絲、奶油，翻動攪拌均勻，約 10 秒即可。

5. 盛盤，再撒上剩下的帕瑪森乳酪絲與黑胡椒粉，即可享受美食。

[小叮嚀]

✦ 麵的粗細厚度會影響烹煮的時間，手工麵煮
　到麵條浮起來就差不多好了。

✦ 有些蘆筍尾部較粗，需去除粗的纖維，烹調
　蘆筍時間不宜過久，避免顏色及營養流失。

燻鮭魚青豆乳酪義大利麵

[材料]　2～3 人份

- 義大利蝶型麵 120 公克
  （建議使用麵型）
- 奶油白醬　120 公克（請參考 70 頁）
- 燻鮭魚片　5 片（約 100 公克）
- 冷凍青豆仁　60 公克
- 洋蔥（去皮切碎）30 公克
- 櫻桃小蕃茄（切丁）2 顆
- 白酒　80cc
- 無鹽奶油　適量
- 魚高湯　適量
- 鹽　適量
- 白胡椒粉　適量
- 帕馬森乳酪絲　10 公克

[作法]

1 燻鮭魚片底部較黑部位切除，取三分之二的量切粗絲，其餘三分之一捲成鮭魚花。

2 奶油加入鍋內加熱，將洋蔥碎炒至香味釋出，放入青豆仁拌炒，再注入白酒煸炒揮發酒氣，倒入奶油白醬、魚高湯，用鹽、白胡椒粉適量調味，小火煮 3 分鐘，倒入果汁機內，打成細泥狀（若打不動可加少許高湯）。

3 將做法 3 醬汁倒入鍋內，加入燻鮭魚粗絲。

4 義大利蝶型麵放入煮沸鹽水中，煮約 3 分鐘至麵軟適中。

5 開火，將義大利蝶型麵倒入醬汁中，加入帕馬森乳酪絲，翻動攪拌均勻。

6 盛盤，撒上蕃茄丁，擺上鮭魚捲，即可享受美食。

小叮嚀

✤ 麵的粗細厚度會影響烹煮的時間，手工麵煮
到麵條浮起來就差不多好了。

✤ 燻鮭魚加入醬汁中不可烹煮過久，否則燻鮭
魚會碎掉，影響口感及美觀。

✤ 如不是馬上烹調食用，青豆醬汁可冰鎮冷卻，
鮮綠顏色可保持較長久。

鮪魚檸檬奶油乳酪義大利麵

[材料]　　2～3人份

- 義大利天使細麵　100 公克
  （建議使用麵型）
- 漬鮪魚罐頭　70 公克
- 奶油白醬　100 公克（請參考 70 頁）
- 鮮奶油　100cc
- 檸檬皮絲　半顆
- 檸檬汁　半顆
- 檸檬片　適量
- 帕瑪森乳酪絲　適量
- 奶油乳酪　100 公克
- 奶油　30 公克
- 魚高湯　適量

[作法]

1 **製作醬汁**：將奶油、鮮奶油、檸檬皮絲放進鍋裡小火煮滾，關火，加入檸檬汁、奶油乳酪，攪拌至有濃稠感備用。

2 將油漬鮪魚的油水稍微瀝乾備用，取檸檬皮絲的半顆檸檬切片擺盤備用。

3 義大利天使細麵放入煮沸鹽水煮約 1 分鐘，撈起瀝乾，迅速拌入作法 1 中攪拌均勻。

4 裝盤，鋪上油漬鮪魚，撒上帕瑪森乳酪絲，放入檸檬片裝飾，即可享受美食。

小叮嚀

- 麵的粗細厚度會影響烹煮的時間，手工麵煮到麵條浮起來就差不多好了。

- 醬汁製作時，不可以烹煮過久，以免醬汁分化，這時可加進少許魚高湯，攪拌均勻。

艾米利亞鱸魚菠菜焗義大利麵

[材料]　4～6 人份

+ 墨魚千層麵皮　4 片～5 片
  （建議使用麵型）

+ 奶油白醬　200 公克（請參考 70 頁）

+ 拿波里紅醬　50 公克（請參考 68 頁）

+ 鱸魚菲力（斜切片）　160 公克

+ 菠菜（汆燙、冰鎮、切粗碎）　120 公克

+ 無鹽奶油　50 公克

+ PIZZA 乳酪絲　120 公克

+ 鹽　適量

+ 黑胡椒粉　適量

+ 特級橄欖油　適量

+ 巴西里碎　適量

[作法]

1　墨魚千層麵皮放入煮沸鹽水中，煮約 1 分鐘至麵心有點硬，取出浸泡冰水冷卻，用布將水分擦乾。

2　麵皮依容器剪成需要大小備用。可以沾一點橄欖油，防止沾黏。

3　鱸魚片灑上鹽、黑胡椒粉適量調味，特級橄欖油倒入鍋內加熱，將鱸魚煎至兩面金黃色，備用。

[組合]

1　烤箱預熱至 180℃。

2　在深的烤盤上塗一層奶油，舖上墨魚千層麵皮，先舖一層奶油白醬，再舖一層菠菜粗碎，接著平放煎好的鱸魚，再鱸魚表面塗上薄薄一層拿波里紅醬，上層撒 PIZZA 乳酪絲，再舖上墨魚千層麵皮。

3　依序重覆三次，最上層舖上白醬，撒上 PIZZA 乳酪絲。

4　進烤箱烤 15 分鐘至表面呈金黃有泡泡冒出，關火 10 分鐘後再取出。

5　切割一人份大小，盛盤，撒上巴西里碎，即可享受美食。

[小叮嚀]

✦ 依麵皮的不同，放入煮沸鹽水中，煮約 1 分鐘至麵心有點硬，因為還要進烤箱烤。

✦ 內餡材料若塗層太厚，麵皮層次口感會不佳，基本麵皮層會有四層。

✦ 烤盤出爐時溫度很高，注意避免接觸燙傷。

Chapter

11

其它類
義大利麵食譜

地中海風味蛤蜊義大利麵

[材料]　　2 ～ 3 人份

- 義大利扁麵　140 公克
  （建議使用麵型）
- 蛤蜊　12 顆
- 大蒜（去皮切片）　2 瓣
- 大蒜（去皮切碎）　1 瓣
- 洋蔥（去皮切碎）　20 公克
- 乾辣椒段　2 根
- 黑橄欖（切半）　3 顆
- 櫻桃小蕃茄（切半）　4 顆
- 蘑菇（切片）　2 朵
- 九層塔（切絲）　10 公克
- 白酒　120cc
- 魚高湯　100cc
- 特級橄欖油　適量
- 鹽　適量
- 黑胡椒粉　適量

[作法]

1. 特級橄欖油倒入鍋內加熱，小火爆香蒜片、蘑菇片至淡淡金黃色，此時關火，加入蒜碎，均勻拌炒至金黃色，再放入洋蔥碎略炒。

2. 開火，倒入蛤蜊，注入白酒煸炒揮發酒氣，再加入 100cc 魚高湯，中火煮至蛤蜊打開。

3. 將蛤蜊取出至旁邊備用，加入黑橄欖、小蕃茄、乾辣椒段，用鹽、黑胡椒適量調味，關火。

4. 義大利扁麵，放入煮沸鹽水中，煮約 2 分鐘至麵軟適中。

5. 開大火，將煮好的義大利麵放進鍋中炒，可以吸附剛剛煮的蛤蜊湯汁。再將蛤蜊、九層塔放入拌勻收汁。

6. 淋上特級橄欖油，關火，快速翻炒，讓醬汁乳化即可。盛盤，即可享受美食。

✤ 麵的粗細厚度會影響烹煮的時
　間，手工麵煮到麵條浮起來就差
　不多好了。

✤ 蛤蜊開殼後挑出，防止蛤蜊肉萎
　縮，湯汁流失。

✤ 收汁時淋上特級橄欖油，快速翻
　炒，讓醬汁產生乳化效果，這動
　作很重要。

風乾蕃茄燻鴨胸義大利麵

[材料]　　2 ～ 3 人份

- 義大利寬扁麵　130 公克
  （建議使用麵型）
- 燻鴨胸（切片）6 片（約 80 公克）
- 大蒜（去皮切碎）2 瓣
- 洋蔥（去皮切碎）30 公克
- 松子或杏仁片　10 公克
- 青花菜　50 公克
- 新鮮迷迭香葉　5 公克
- 白酒　適量
- 雞高湯　適量

[風乾蕃茄材料]

- 櫻桃小蕃茄（切半）20 顆
- 新鮮百里香葉　5 公克
- 大蒜（去皮切碎）1 瓣
- 鹽　適量
- 黑胡椒粉　適量
- 特級橄欖油　適量

[作法]

1. **製作風乾蕃茄**：將切半櫻桃小蕃茄拌入新鮮百里香葉、大蒜碎、鹽、黑胡椒粉、特級橄欖油，攪拌均勻，烤箱溫度 130℃ 烤 2 小時，呈半乾狀態。

2. 特級橄欖油倒入鍋內加熱，將大蒜碎、洋蔥碎炒至香味釋出，加入燻鴨胸片、新鮮迷迭香葉略炒，注入白酒煸炒揮發酒氣，放進青花菜拌抄，再加入風乾蕃茄、雞高湯煮約 1 分鐘。

3. 義大利寬扁麵放入煮沸鹽水中，煮約 4 分鐘至麵軟適中。

4. 義大利寬扁麵倒入醬汁中，加進松子或杏仁片，翻動攪拌均勻，約 20 秒即可。

5. 盛盤，淋上特級橄欖油，以新鮮迷迭香葉裝飾，即可享受美食。

[小叮嚀]

✣ 風乾蕃茄可事先製作存放起來，溫度不可太高，以免焦黑影響口感。

✣ 燻鴨肉煎炒至香味釋出就好，過度煎炒會導致過鹹及香氣散發。

✣ 麵的粗細厚度會影響烹煮的時間，手工麵煮到麵條浮起來就差不多好了。

蒜炒鮮蝦巴沙米克醋義大利麵

[材料]　2～3 人份

- ✧ 義大利琴弦麵　120 公克
  （建議使用麵型）
- ✧ 草蝦　4 尾
- ✧ 大蒜（去皮切碎）　2 瓣
- ✧ 洋蔥（去皮切碎）　30 公克
- ✧ 巴沙米可醋　80cc
- ✧ 新鮮蛋黃　2 顆
- ✧ 鮮奶油　60cc
- ✧ 馬斯卡邦乳酪　40 公克
- ✧ 魚高湯　50cc
- ✧ 杏仁片（烤過）　適量
- ✧ 特級橄欖油　適量
- ✧ 鹽　適量
- ✧ 巴西里碎　適量

[作法]

1. 取一個容器，將新鮮蛋黃、馬斯卡邦乳酪、鮮奶油攪拌均勻，裝入擠花袋，冰入冰箱備用。

2. 草蝦剝殼去頭、割背、去除沙筋、洗淨。少許特級橄欖油倒入鍋內加熱，把大蒜碎、洋蔥碎炒至香味釋出，加入蝦子一同拌炒至半熟，取出備用。

3. 將巴沙米可醋加入鍋子裡，小火熬煮到剩下 1/3 量時，加鹽適量調味，關火備用。

4. 義大利琴弦麵放入煮沸鹽水中，煮約 3 分鐘至麵軟適中。

5. 把琴弦麵倒入醬汁中，加入杏仁片、草蝦、作法 1 的乳酪加入 2/3 的量、魚高湯，快速翻動攪拌均勻。

6. 盛盤，將剩下的 1/3 的乳酪擠在麵上方，撒上巴西里碎，即可享受美食。

［ 小叮嚀 ］

✤ 熬煮巴沙米可醋要注意火侯及時間上的控制，熬煮過頭會過於硬化，風味上會有苦味。

✤ 義大利麵加入乳酪時，記得離火、快速攪拌均勻，此時不可再加熱，以免溫度過高產生醬汁分化。

✤ 麵的粗細厚度會影響烹煮的時間，手工麵煮到麵條浮起來就差不多好了。

普利亞風味
鯷魚義大利麵

材料　2～3 人份

- 義大利貓耳朵麵 140 公克（建議使用麵型）
- 青花菜　150 公克
- 油漬鯷魚　7 尾
- 大蒜（去皮切碎）2 瓣
- 新鮮辣椒（去籽切碎）1 根
- 黑橄欖（切半）3 顆
- 白酒　50cc
- 魚高湯　適量
- 黑胡椒粉　適量
- 特級橄欖油　適量

作法

1. 將青花菜洗淨後，放入煮沸鹽水中，煮約 1 分鐘，撈起，泡冰水至冰冷，取出擠乾水分切成碎狀。

2. 特級橄欖油倒入鍋內，把大蒜碎、辣椒碎用小火慢慢的炒香，再加入油漬鯷魚攪拌炒均勻。

3. 將切碎的青花菜、黑胡椒粉適量加進鍋裡一起拌炒，再注入白酒煸炒揮發酒氣，倒入少許魚高湯煮滾，關火。

4. 貓耳朵麵放入煮沸鹽水中，煮約 6 分鐘至麵軟適中。

5. 開火煮滾醬汁，將貓耳朵麵和黑橄欖倒入鍋子中，翻動攪拌均勻，約 30 秒即可。

6. 盛盤，最後在淋上少許特級橄欖油，即可享受美食。

[小叮嚀]

- 青花菜燙過後須馬上冰鎮，才能保持鮮綠。記得，青花菜不需要汆燙至軟爛，這樣炒出來的醬會糊糊沒口感。

- 麵的厚度會影響烹煮的時間，貓耳朵麵沒加新鮮雞蛋，麵質較硬，煮的時間會比較久。

黑漆漆烏賊義大利麵

［ 材料 ］ 2～3 人份

- 義大利寬扁麵 130 公克（建議使用麵型）
- 烏賊 200 公克
- 墨魚汁 20 公克
- 大蒜（去皮切碎） 2 瓣
- 洋蔥（去皮切碎） 150 公克
- 西芹（去皮切碎） 50 公克
- 新鮮辣椒（去籽切碎） 1 根
- 月桂葉 3 片
- 新鮮百里香 5 公克
- 白酒 150cc
- 魚高湯 300cc
- 鹽 適量
- 黑胡椒粉 適量
- 特級橄欖油 適量
- 九層塔 適量

［ 作法 ］

1. 烏賊洗淨去除內臟，1/3 部分切成圈狀（或條狀），其餘 2/3 全部切成丁狀。

2. **製作醬汁**：特級橄欖油倒入鍋內，依順序把大蒜碎、洋蔥碎、西芹碎、辣椒碎均勻炒香，再加入烏賊丁（切圈也一起下）。收汁炒乾後，加入墨魚汁，再注入白酒煵炒揮發酒氣。倒入魚高湯、月桂葉、新鮮百里香，用鹽、黑胡椒粉適量調味，小火熬煮 15 分鐘，關火。

3. 義大利寬扁麵放入煮沸鹽水中，煮約 4 分鐘至麵軟適中。

4. 將義大利寬麵倒入黑漆漆烏賊醬中，加入九層塔翻動攪拌均勻，約 10 秒即可。

5. 盛盤，最後在淋上少許特級橄欖油，即可享受美食。

小叮嚀

- 海鮮切丁製作醬汁，味道與香味比較能表現出來。若喜歡有口感，也能切成塊狀熬煮，但熬煮時間上也會比較久。

- 麵的粗細厚度會影響烹煮的時間，手工麵煮到麵條浮起來就差不多好了。

- 義大利麵的醬汁，太多則成了湯麵，味道不足，太乾則不易入口，味道過於鹹重。

蒙地卡羅干貝鮮蝦南瓜小帽子

［ 材料 ］　2 ～ 3 人份

+ 帽型餃 8 顆（建議使用麵型）
+ 南瓜奶醬　120 公克（請參考 71 頁）
+ 無鹽奶油　20 公克
+ 洋蔥（去皮切碎）40 公克
+ 草蝦　4 尾
+ 干貝　3 顆
+ 白酒　適量
+ 魚高湯　適量
+ 蘆筍　100 公克
+ 櫻桃小蕃茄（切丁）3 顆
+ 帕馬森乳酪絲　20 公克
+ 南瓜籽　適量

［ 作法 ］

1. 蝦子去除頭與殼、割背、去除沙筋、洗淨。蘆筍切段約 5 公分。

2. 無鹽奶油放入鍋內加熱，小火把洋蔥碎炒香軟至透明，加入干貝和草蝦攪拌炒均勻，注入白酒煸炒揮發酒氣，加入魚高湯與南瓜奶醬，煮滾，關火。

3. 帽型餃、蘆筍放入煮沸鹽水中，煮約 2 分鐘至麵軟適中。

4. 把作法 2 的醬汁開火加熱至滾，將義大利餃倒入醬汁中，小火煮約 20 秒，攪拌均勻，若醬汁太乾時，可加些魚高湯進去。

5. 盛盤，撒上帕馬森乳酪絲、南瓜籽、蕃茄丁，即可享受美食。

小叮嚀

✢ 醬汁煮滾後，將海鮮事先挑出，以免過於硬化，使口感不佳。

✢ 烹煮義大利餃不需要一直攪拌，以免麵皮破損，餡料流出來。

✢ 義大利餃的厚度會影響烹煮的時間，煮到麵餃浮起來就差不多好了。

瑞可達菠菜方餃南瓜醬

〔 材料 〕 　 2 ～ 3 人份

- 義大利菠菜方餃 8 顆
  （建議使用麵型）
- 南瓜奶醬 100 公克（請參考 71 頁）
- 無鹽奶油 20 公克
- 洋蔥（去皮切碎） 30 公克
- 白酒 適量
- 雞高湯 適量
- 鹽 適量
- 特級橄欖油 適量
- 瑞可達乳酪（Ricotta Cheese） 適量
- 綜合生菜 適量

〔 作法 〕

1　無鹽奶油放入鍋內加熱，小火把洋蔥碎炒香軟至透明，注入白酒煸炒揮發酒氣，加入雞高湯與南瓜奶醬，加鹽適量調味，煮滾，關火。

2　菠菜方餃放入煮沸鹽水中，煮約 2 分鐘至麵軟適中。

3　把做法 1 的醬汁開火加熱至滾，將義大利餃倒入醬汁中，小火煮約 30 秒，攪拌均勻。若醬汁太乾時，可加些雞高湯。

4　綜合生菜撒少許鹽，拌入特級橄欖油，均勻攪拌。

5　盛盤，放上綜合生菜、瑞可達乳酪（Ricotta Cheese），即可享受美食。

✧ 醬汁若過於濃稠時，可加入適量雞高湯，以
　免醬汁過乾硬，影響口感。

✧ 烹煮義大利餃，不需要一直攪拌，以免麵皮
　破損，餡料流出來。

✧ 義大利餃的厚度會影響烹煮的時間，大致上，
　煮到麵餃浮起來就差不多好了。

古典波隆那肉醬義大利麵

✥ 義大利波浪麵　130 公克
　（建議使用麵型）

✥ 波隆那肉醬　200 公克（請參考 67 頁）

✥ 牛蕃茄（切丁）1 顆

✥ 帕馬森乳酪絲　20 公克

✥ 巴西里碎　適量

✥ 雞高湯　適量

［ 作法 ］

1　事先將波隆那肉醬與蕃茄丁，以小火熬煮 3 分鐘，備用。

2　義大利波浪麵放入煮沸鹽水中，煮約 3 分鐘至麵軟適中，撈起。

3　盛盤，鋪上煮好的寬扁麵，淋上波隆那肉醬，撒上帕馬森乳酪絲及巴西里碎，即可享受美食。

［ 小叮嚀 ］

✥ 麵的粗細厚度會影響烹煮的時間，手工麵煮到麵條浮起來就差不多好了。

✥ 熬煮醬汁過程中，醬汁過於太乾時，可適當加進少許雞高湯，以免拌麵過程過於乾。

米蘭蔬菜湯義大利麵

[材料]　2 ～ 3 人份

✧ 剩下的手工麵皮　60 公克
　（建議使用麵型）

✧ 拿波里紅醬　200 公克（請參考 68 頁）

✧ 大蒜（去皮切碎）2 瓣

✧ 洋蔥（去皮切丁）半顆

✧ 西芹（去皮切丁）50 公克

✧ 高麗菜（切丁）200 公克

✧ 香菇（切丁）80 公克

✧ 紅蘿蔔（去皮切丁）80 公克

✧ 馬鈴薯（去皮切丁）100 公克

✧ 蒜苗（切丁）40 公克

✧ 鷹嘴豆（需泡水隔夜）50 公克

✧ 乾燥義大利香料　2 公克

✧ 月桂葉　2 片

✧ 雞高湯或水　適量

✧ 鹽　適量

✧ 黑胡椒粉　適量

✧ 特級橄欖油　適量

[作法]

1　事先加熱一鍋雞高湯（使用水也可以），加入拿波里紅醬，約鍋子五分滿的量即可。

2　特級橄欖油倒入鍋內加熱，放入蒜碎炒香，依序加入各種蔬菜分開炒香，倒入高湯中以小火熬煮，放入月桂葉、乾燥義大利香料、鷹嘴豆，用鹽、黑胡椒粉調味，約煮 30 分鐘。

3　馬鈴薯丁和剩下的手工麵皮最後加入，再熬煮 5 分鐘。

4　盛盤，最後再淋上少許特級橄欖油，即可享受美食。

[小叮嚀]

✤ 烹煮蔬菜湯的高湯，一開始不要放太多，約
 五分滿的量即可。蔬菜與醬料加入熬煮時，
 量約八分滿即可。喜愛濃稠湯品時，高湯的
 水量可以減少，熬煮後較為濃稠。

✤ 每種蔬菜烹調時間不同，爆香蔬菜依順序煸
 炒，炒到香氣溢出的程度即可。建議分開煸
 炒再放入高湯。注意每個蔬菜拌炒步驟要確
 實，這樣熬煮後的湯品，香味更加有層次。

鴨肉醬義大利麵

［ 材料 ］　2～3人份

✢ 義大利寬扁麵　120 公克
　（建議使用麵型）

✢ 拿波里紅醬　80 公克（請參考 68 頁）

✢ 生鴨胸肉　1 片

✢ 鴨肝（可用雞肝替代）60 公克

✢ 大蒜（去皮切碎）　3 瓣

✢ 洋蔥（去皮切碎）　150 公克

✢ 西芹（去皮切碎）　40 公克

✢ 紅蘿蔔（去皮切碎）　40 公克

✢ 迷迭香（切碎末）　3 公克

✢ 巴西里碎　適量

✢ 紅酒　100cc

✢ 雞高湯　適量

✢ 鹽　適量

✢ 黑胡椒粉　適量

✢ 特級橄欖油　適量

✢ 帕瑪森乳酪絲　適量

［ 作法 ］

1　將生鴨胸肉切成粗絞肉形狀，備用。

2　鴨肝清除薄膜血絲、洗淨擦乾，放入煮沸鹽水煮 1 分鐘，關火，泡到熟，取出切丁。

3　特級橄欖油倒入鍋內加熱，放入蒜碎、洋蔥碎煸炒，再加入西芹碎、紅蘿蔔碎，把蔬菜香甜味炒出來，將鴨胸粗絞肉、鴨肝丁、迷迭香碎放入鍋拌炒，注入紅酒略炒揮發酒氣，用鹽、黑胡椒粉適量調味，加入雞高湯、拿波里紅醬，小火熬煮 30 分鐘。

4　義大利寬扁麵放入煮沸鹽水中，煮約 4 分鐘至麵軟適中。

5　將義大利寬扁麵倒入醬汁中，攪拌均勻吸收醬汁。

6　盛盤，最後撒上巴西里碎和帕瑪森乳酪絲，即可享受美食。

[小叮嚀]

✤ 熬煮醬汁時，若高湯不足，適量加些雞高湯
繼續熬煮，這樣才能將鴨肉醬香味熬煮出來。

✤ 麵的粗細厚度會影響烹煮的時間，手工麵煮
到麵條浮起來就差不多好了。

✤ 鴨胸肉若購買有帶皮的，切割時將皮分開。
鴨皮可事先爆香，將油炒出來，利用鴨油來
炒蔬菜，這樣可減少橄欖油的使用量。

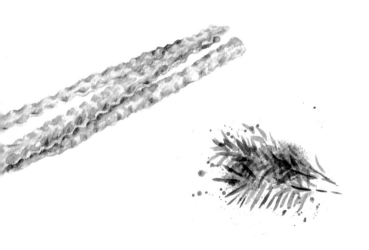

卡拉布里亞蒜片
辣椒義大利麵

卡拉布里亞蒜片辣椒義大利麵

[材料]　　2 ～ 3 人份

✦ 義大利扁麵　140 公克
　（建議使用麵型）

✦ 大蒜（去皮切片）4 瓣

✦ 新鮮辣椒（切圈）1 支

✦ 九層塔（切粗絲）15 公克

✦ 巴西里碎　20 公克

✦ 雞高湯　適量

✦ 白酒　適量

✦ 特級橄欖油　適量

✦ 鹽　適量

✦ 黑胡椒粉　適量

[作法]

1　小火加熱鍋子，倒入特級橄欖油與蒜片。蒜片以小火炒至金黃色，離火，取出 1/3 蒜片，備用。把蒜碎放入鍋內一同拌炒至金黃色，加入辣椒圈、九層塔絲、巴西里碎，一起炒至香味溢出。

2　注入白酒煸炒揮發酒氣，加入雞高湯，用鹽、黑胡椒粉適量調味，關火。

3　義大利扁麵，放入煮沸鹽水中，煮約 2 分鐘至麵軟適中。

4　開火，將義大利扁麵倒入已經調好的醬汁中，用快速翻炒方式拌均勻，再加入一次特級橄欖油，攪拌至醬汁有些許乳化現象，醬汁太乾時加少許雞高湯。

5　盛盤，撒上金黃色蒜片，即可享受美食。

小叮嚀

✧ 蒜頭再爆香過程中，一定要小火慢慢煸炒上色，
不可炒焦黑。焦黑則會影響整盤麵的香氣。

✧ 麵的粗細厚度會影響烹煮的時間，手工麵煮到
麵條浮起來就差不多好了。

✧ 快速翻動是讓醬汁與麵結合，否則會呈現油水
分離，口感與味道會不佳。

Chapter

12

甜點類
義大利麵食譜

巧克力糖果餃

[材料]　2～3 人份

✧ 可可寬扁麵　60 公克（建議使用麵型）

✧ 菠菜寬扁麵　60 公克（建議使用麵型）

✧ 甜菜寬扁麵　60 公克（建議使用麵型）

✧ 開心果碎　10 公克

[醬汁材料]

✧ 白巧克力　50 公克

✧ 鮮奶油　100cc

[餡料材料]

✧ 瑞可達乳酪（Ricotta Cheese）200 公克

✧ 糖粉　80 公克

✧ 葡萄乾、杏桃乾、蔓越莓乾 各 20 公克

✧ 柳橙皮細碎　10 公克

✧ 巧克力碎　40 公克

[作法]

1　**製作餡料**：把瑞可達乳酪和糖粉放入鍋內，使用隔水加熱方式，用打蛋器攪拌至光滑細緻為止，將水果乾材料與巧克力全部切成小丁，再加入到打好的乳酪裡，最後加入柳橙皮細碎拌均勻，裝進擠花袋，冰起來備用。

2　**製作糖果麵皮**：把可可寬扁麵皮、菠菜寬扁麵皮、 甜菜寬扁麵皮三種顏色，各重疊 0.2 公分交錯並排。記得重疊部分處塗點水，放進製麵機裡來回碾壓成一張麵皮。

3　**糖果整型**：將麵皮切成橫長方向，每片麵皮切約寬 7 公分╳長 10 公分。把材料 1 的餡料擠放在中間，用包裹糖果的方法摺成三折，塗點水封口，兩端壓緊，把剩餘邊邊的麵皮切成寬 0.2 公分，長約 10 公分，將兩側分別綁起。

4 **製作醬汁**：把鮮奶油放入鍋內，小火加熱大約至 80℃，關火，再加入白巧克力浸泡約 3 分鐘，再攪拌均勻備用。

6 盛盤，淋上白巧克力醬汁，撒上開心果碎，即可享受美食。

5 將糖果麵餃放入煮沸鹽水中，煮約 2 分鐘至麵軟適中。

[小叮嚀]

✤ 製作糖果餃要特別注意封口處有無捏緊，避免餡料溢出。

✤ 麵皮重疊處記得確實壓緊，避免製麵機桿壓時產生破損。如沒有製麵機，使用擀麵棍也可以。

✤ 醬汁過冷硬化可以用小火加熱回溫，切記不可使用大火烹煮，溫度不可以超過 80℃。

✤ 任何水果乾均可使用替代，依個人喜愛口味選擇。

巧克力千層冰淇淋

[材料]　約 2 ～ 3 人份

✤ 可可千層麵皮
（建議使用麵型）

✤ 冰淇淋　1 球

✤ 夏威夷果碎　適量

✤ 奇異果（去皮切片）1 顆

✤ 草莓（洗淨切片）5 顆

✤ 柑橘（去皮取肉）1 顆

[柑橘卡士達餡料材料]

✤ 新鮮蛋黃　1 顆

✤ 白砂糖　9 公克

✤ 牛奶　50 公克

✤ 香草豆莢（取籽部份）0.5 根

✤ 柑橘皮細碎　5 公克

✤ 中筋麵粉　2.5 公克

✤ 玉米澱粉　2.5 公克

✤ 無鹽奶油　8 公克

✤ 鮮奶油　120 公克

✤ 君度橙酒　5cc

[作法]

1　可可千層麵皮切割成四方型 10 公分 ╳ 10 公分，放入煮沸鹽水中，煮約 2 分鐘至麵軟適中，撈起後泡冰水至冰涼，擦乾攤平，冰入冰箱備用。

2　**製作卡士達餡料：**

步驟 1. 新鮮蛋黃和白砂糖放入鍋中均勻攪拌，中筋麵粉和玉米澱粉過篩後加入，混和攪拌至無結塊。

步驟 2. 另取一個鍋子，把牛奶與香草籽混和加熱煮滾，關火。

步驟 3. 將煮滾牛奶慢慢加入步驟 1，邊加邊均勻攪拌，分二次加入。均勻後再把鍋子回到爐火上加熱至滾，倒入到平盤上攤平， 放入冰箱冷卻冰涼。將鮮奶油打發，再加入冷卻後的餡料混和拌均勻，最後加入君度橙酒混和，放入冰箱備用。

3　**組合**：取一張可可千層麵皮鋪底，抹上一層卡士達餡料，再均勻鋪上奇異果片、草莓片、柑橘片，依序重覆二次，最上層再放一片可可千層麵皮，放入冷藏 30 分鐘即可食用。

4　盛盤，將巧克力千層移至盤子中央，放上冰淇淋，撒上夏威夷果碎，即可享受美食。

小叮嚀

- 烹煮餡料時，注意不可開大火，以免底部燒焦，影響味道及口感。

- 卡士達餡料煮好攤平時，蓋上一張保鮮膜，可防止表皮硬化。

- 香草豆莢如購買不到，可以使用香草粉或香草精替代。

巧克力草莓乳酪捲

材料　2～3人份

- 可可千層麵皮　140 公克（建議使用麵型）
- 馬斯卡邦乳酪　150 公克
- 新鮮草莓　5 顆
- 糖粉　25 公克
- 白蘭地　5cc
- 鮮奶油　100cc
- 香草豆莢（取籽部份）1 根
- 巧克力碎片　20 公克
- 薄荷葉　適量

醃漬草莓果醬材料

- 新鮮草莓　5 顆
- 白砂糖　30 公克
- 黃檸檬汁　半顆
- 黃檸檬皮磨碎　2 公克

作法

1. **製作草莓果醬**：新鮮草莓切除蒂頭、切對半，和白砂糖一起放入鍋裡，開小火加熱至白砂糖溶化，轉中火熬煮，適時不斷攪拌以免燒焦。過程中將上面浮沫撈除乾淨，醬汁熬煮出濃稠狀時關火，加入黃檸檬汁，倒入另一個容器中冷卻，放涼後加入磨碎的黃檸檬皮混合備用。

2. **製作餡料**：將馬斯卡邦乳酪和糖粉攪拌均勻融合，鮮奶油打發加入，再倒入白蘭地、香草籽、巧克力碎片，攪拌成柔軟糊狀，最後把新鮮草莓切除蒂頭、切小丁拌入，裝入擠花袋，冰入冰箱備用。

3. 把可可千層麵皮切割成四方型8公分×8公分，放入煮沸鹽水中，煮約2分鐘至麵軟適中，撈起後泡冰水至冰涼，擦乾攤平，將作法2的餡料擠在麵皮三分之一處，捲起。

4. 盛盤，淋上醃漬草莓果醬，撒少許糖粉，放上薄荷葉裝飾，即可享受美食。

✥ 燙好的麵捲記得擦乾，餡料擠壓
   的過程中才不會滑動。擠壓餡料
   要多些，捲起後才不會扁扁的。

✥ 製作草莓果醬時，喜愛較酸可多
   加些檸檬汁。煮果醬過程中注意
   不可開大火以免燒焦，影響味道。

✥ 麵皮形狀也可以製作成圓型捲起。

✥ 香草豆莢如購買不到，可以使用
   香草粉或香草精替代。

作者	陳俊杉
責任編輯	梁淑玲
攝影	王正毅
封面設計	東喜設計
內頁設計	葛雲
烹飪助理	孫鈺茹、張紹海、呂俊賢
特別感謝	聯華實業股份有限公司 、協億有限公司、全欣食品、汎泰水產有限公司、葉茂號有限公司

社長	郭重興
發行人兼出版總監	曾大福
出版社	幸福文化出版社
發行	遠足文化事業股份有限公司
地址	231新北市新店區民權路108-2號9樓
電話	（02）2218-1417
傳真	（02）2218-8057
郵撥帳號	19504465
戶名	遠足文化事業股份有限公司
印刷	通南彩色印刷有限公司
電話	（02）2221-3532
法律顧問	華洋國際專利商標事務所 蘇文生律師

初版一刷	2016年11月
二版一刷	2017年10月
定價	420元

大
廚
教
的
手
工
義
大
利
麵

揉、壓、切、捏14種基本麵型；
自己做有嚼感、
有麵粉香氣的
50
道家常義大利麵

國家圖書館出版品預行編目 (CIP) 資料

大廚教的手工義大利麵：揉、壓、切、捏14種基本麵型，自己做有嚼感、有麵粉香氣的 50 道常義大利麵 /
陳俊杉 著；

 -- 二版 . -- 新北市：幸福文化出版：
遠足文化發行，2017.10
面； 公分 . -- (飲食區 Food&Wine ; 3)
ISBN 978-986-95238-4-4(平裝)

1. 麵食食譜 2. 義大利

427.38　　　　　　　　　　106016038

滑順細緻的口感
喚起記憶的溫暖
水手牌特級粉心粉

BLUE JACKET
水手牌
HACCP · ISO22000

f 水手牌麵粉

請沿虛線剪下，黏貼好後，直接投入郵筒寄回

23141

新北市新店區民權路108-4號8樓

遠足文化事業股份有限公司　收

幸福文化　　書名 大廚教的手工義大利麵　　書號 0HFW0003

讀者回函卡

感謝您購買本公司出版的書籍，您的建議就是幸福文化前進的原動力。請撥冗填寫此卡，我們將不定期提供您最新的出版訊息與優惠活動。您的支持與鼓勵，將使我們更加努力製作出更好的作品。

讀者資料

● 姓名：_____ ● 性別：□男　□女 ● 出生年月日：民國____年____月____日

● E-mail：_____

● 地址：□□□□□_____

● 電話：_____　手機：_____　傳真：_____

● 職業：□學生□生產、製造□金融、商業□傳播、廣告□軍人、公務□教育、文化
□旅遊、運輸□醫療、保健□仲介、服務□自由、家管□其他_____

購書資料

1. 您如何購買本書？□一般書店（　　　縣市　　　書店）
　□網路書店（　　　　書店）　□量販店　□郵購　□其他

2. 您從何處知道本書？□一般書店　□網路書店（　　　　書店）　□量販店　□報紙
　□廣播　□電視　□朋友推薦　□其他

3. 您通常以何種方式購書（可複選）？□逛書店　□逛量販店　□網路　□郵購　□信用卡傳真　□其他_____

4. 您購買本書的原因？□喜歡作者　□對內容感興趣　□工作需要　□其他

5. 您對本書的評價：（請填代號 1.非常滿意　2.滿意　3.尚可　4.待改進）□定價　□內容
　□版面編排　□印刷　□整體評價

6. 您的閱讀習慣：□生活風格　□休閒旅遊　□健康醫療　□美容造型　□兩性
　□文史哲　□藝術　□百科　□圖鑑　□其他

7. 您最喜歡哪一類的飲食書：□食譜　□飲食文學　□美食導覽　□圖鑑
　□百科　□其他

8. 您對本書或本公司的建議：

_____

_____

_____

備註：本讀者回函卡影印與傳真皆無效，資料未填完整者即喪失抽獎資格。